# Der Unterkiefer des Homo Heidelbergensis

## Aus den Sanden von Mauer bei Heidelberg

Otto Schoetensack



Alpha Editions

This edition published in 2022

ISBN : 9789356781269

Design and Setting By
**Alpha Editions**
www.alphaedis.com
Email - info@alphaedis.com

# VORWORT.

Der den Gegenstand vorliegender Abhandlung bildende menschliche Unterkiefer wurde in den 10 km südöstlich von Heidelberg anstehenden, in der Literatur als Sande von Mauer bekannten fluviatilen Ablagerungen aufgefunden. Das Alter dieser Sande wird nach den darin angetroffenen Säugetierresten gemeinhin als altdiluvial angegeben; einige darin vertretene Arten lassen aber auch deutliche Beziehungen zu dem jüngsten Abschnitte des Tertiärs, dem Pliocän, erkennen. So durfte man vermuten, daß etwa in diesen Schichten sich findende Menschenknochen bedeutsame Aufschlüsse über die Morphogenese des menschlichen sowie überhaupt des Primatenskelettes geben würden. Diese Annahme hat nunmehr durch den Fund der Mandibula Bestätigung erfahren.

Ich habe mich bemüht, in dieser Schrift vor allem eine möglichst erschöpfende Beschreibung des Fundobjektes und der — bei fossilen Menschenresten außerst wichtigen — Fundumstände zu geben. Bei den vergleichenden Studien habe ich mich im wesentlichen auf das von den Direktoren der hiesigen Universitätssammlungen, den Herren O. BÜTSCHLI, M. FÜRBRINGER und W. SALOMON, sowie von Herrn H. KLAATSCH in Breslau mir in entgegenkommendster Weise zur Verfügung gestellte Material gestützt. Letztgenannter Freund sowie Herr G. PORT standen mir bei meinen Untersuchungen mit ihren reichen Erfahrungen bei, die mir insbesondere bei den diagraphischen und Röntgenaufnahmen sehr zustatten kamen. Die Herren GORJANOVIĆ-KRAMBERGER in Agram und J. FRAIPONT in Brüssel waren so liebenswürdig, mir Gipsabgüsse fossiler Unterkiefer zu überlassen. Ferner lieh mir Herr Assistent W. SPITZ bei den photographischen Aufnahmen freundlichst seinen Beistand. — Allen diesen Herren sei hiermit herzlicher Dank ausgesprochen.

Universität Heidelberg im September 1908.

OTTO SCHOETENSACK.

# DER UNTERKIEFER DES HOMO HEIDELBERGENSIS

# AUS DEN SANDEN VON MAUER BEI HEIDELBERG

GEOLOGISCHER TEIL

ANTHROPOLOGISCHER TEIL

ANHANG ZUM ANTHROPOLOGISCHEN TEIL

# I. Geologisch paläontologischer Teil.

Das Dorf Mauer, auf dessen Feldmark unser Fund am 21. Oktober 1907 gemacht wurde, ist 10 km südöstlich von Heidelberg und 6 km südlich von Neckargemünd, dicht an der südlichen Grenze des Odenwaldgebirges gelegen. Dieses wird in seinem südlichen Teile von dem aus dem schwäbischen Muschelkalkgebiete kommenden Neckar durchbrochen, der unterhalb Neckarelz auf den Buntsandstein stößt, den er bis zum Eintritt in die Rheinebene in vielfach gewundenem Laufe erodiert hat. Diese Talbildung reicht, worauf E. W. BENECKE[8] zuerst hingewiesen hat und was auch A. SAUER[70] in den Erläuterungen zur geologischen Spezialkarte des Großherzogtums Baden, Blatt Neckargemünd, bestätigt, bis in die Tertiärzeit zurück.

Wenige Kilometer südlich von Neckargemünd verschwindet der Buntsandstein dauernd unter der Oberfläche, und das Muschelkalkgebirge stellt sich ein. Mannigfach zergliedert und reichlich mit Löß und Lehm bedeckt, bietet es fruchtbares Ackerland dar, das, von der bei Neckargemünd in den Neckar sich ergießenden Elsenz durchflossen, frühzeitig zur Besiedelung einlud. — Schon in alter Zeit führte eine Verkehrsstraße von hier aus in das Schwabenland, der jetzt auch die Eisenbahnlinie Heidelberg-Neckargemünd-Jagstfeld folgt, die uns von Heidelberg in 30 Minuten an den Fundort bringt.

Die geologischen und topographischen Verhältnisse des unteren Elsenztales lassen sich an der Hand der oben genannten Karte, von der auf Taf. I, Fig. I ein Ausschnitt auf 1:50000 reduziert gegeben ist[I.], leicht übersehen. Im nördlichen Teile herrscht der Buntsandstein vor, der in ostwestlicher Richtung von dem Neckar durchfurcht wird. Senkrecht zu diesem Flusse erblicken wir zwei parallel verlaufende Täler, die „in ihrer engen felsigen Beschaffenheit dem Haupttale des Neckars unter- und oberhalb Neckargemünds gleichen“. Es sind dies, wie SAUER gezeigt hat, Teile einer alten Neckarschlinge, die weiter südlich, wo sie in das leichter zerstörbare Muschelkalkgebirge eintrat, eine beträchtliche Talerweiterung erfuhr und den terrassenförmigen Absatz der unter dem Namen „Sande von Mauer“ bekannten, von SAUER als altdiluvial bezeichneten Aufschüttungen veranlaßte, deren Ursprung auch durch typische Neckargerölle bezeugt wird.

Von den beiden vom Neckar verlassenen Paralleltälern wird das westliche von der Elsenz zum Abfluß benutzt, während das östliche, durch welches jetzt die Landstraße von Wiesenbach nördlich zum Neckar führt, trocken liegt. Daß dies schon seit der mittel-diluvialen Zeit der Fall ist, wird durch die Verbreitung der Ablagerungen von älterem und jüngerem Löß erwiesen, die sich auf und nahe der Sohle des Wiesenbacher Tales vorfinden.

Die „Sande von Mauer", auf der Karte (Taf. I, Fig. 2) mit der Signatur „dun" versehen und großpunktiert eingezeichnet, sind namentlich an dem rechten Elsenzgehänge durch Gruben erschlossen, die schon zu BRONNS Zeiten (in den dreißiger und vierziger Jahren des vor. Jahrh.) paläontologisches Material lieferten.

Seit 30 Jahren hat die etwa 500 m nördlich vom Dorfe Mauer im Gewann Grafenrain gelegene, von Herrn J. RÖSCH in Mauer zur Gewinnung von Bausand betriebene Sandgrube zahlreiche Tierreste ergeben, die von dem genannten Herrn mit großer Sorgfalt geborgen und in uneigennütziger Weise, hauptsächlich durch Schenkung an badische Staatssammlungen, der Wissenschaft zugänglich gemacht wurden.

Bei dem lebhaften Abbau des Sandes, von dem nach gütiger Mitteilung des Herrn RÖSCH seit 1877 159750 cbm gewonnen sind, wobei 182250 cbm Abraum beseitigt, insgesamt also 342000 cbm bewegt werden mußten, entstehen beständig frische Anbrüche, die entsprechend dem wechselnden Bilde, das fluviatile Ablagerungen darzubieten pflegen, in den einzelnen Schichten wohl stark variieren, in der Gesamterscheinung aber, wie die von E. W. BENECKE und E. COHEN[9] gegebene Beschreibung und die von A. SAUER mitgeteilten Profile erkennen lassen, Übereinstimmung mit dem nachstehenden Profile zeigen, das 12 Tage nach Auffindung des menschlichen Unterkiefers unter freundlicher Mitwirkung von Prof. W. SALOMON, Herrn W. SPITZ und den Praktikanten des Heidelberger geologisch-paläontologischen Instituts aufgenommen wurde:

Profil der Sandgrube im Grafenrain (Grundstück Nr. 789), Gemarkung Mauer (Amtsbezirk Heidelberg), aufgenommen am 2. November 1907

(vgl. Taf. III, Fig. 5).

Richtung der Grubenwand Nord 26 West. Fußpunkt 1,40 m nördlich von der Fundstelle des menschlichen Unterkiefers.

| | Ordnungszahl der Schichten | Mächtigkeit in Metern | |
|---|---|---|---|
| Jüngerer Löß | 27 | 5,74 | Jüngerer Löß, unten mit kleinen Lößkindeln. |
| | 26 | 2,25 | Brauner Lehm ohne sandige Lagen. |
| Älterer Löß bzw. Sandlöß | 25 | 1,30 | Brauner Lehm, stellenweise etwas sandig, aber ohne ausgesprochene Sandschmitzchen. |

|  |  |  |  |
|---|---|---|---|
|  | 24 | 1,63 | Letten, meist stark sandig, mit vereinzelten Sandschmitzchen und Lagen von Lößkindeln. |
|  | 23 | etwa 1,80 | Grauer, mittelkörniger Sand, in abwechselnden Lagen ± verfestigt (etwa 15 Gesimse). |
|  | 22 | 0,36 | Graue feste Sandbank, mittelkörnig, mit HCl ganz schwach brausend, gesimsbildend. |
|  | 21 | 1,30 | Lockerer eisenschüssiger Sand, bald gröber, bald feiner, mit HCl ganz schwach brausend. |
|  | 20 | 0,07 | Festere, sehr eisenschüssige mittelkörnige Sandbank. |
|  | 19 | 0,40 | Eisenschüssiger Sand. |
|  | 18 | 0,70 | Grauer mittelkörniger Sand, mit HCl nicht brausend, unmittelbar über dem Letten stark eisenschüssig. |
|  | 17 | 0,70 | Brauner sandiger Letten und lettiger Sand; oben reiner, unten ziemlich reiner Letten; gesimsbildend. |
|  | 16 | 0,22–0,25 | Sandschicht mit dünnen eisenschüssigen Lagen nach S. anschwellend, nach N. auskeilend. |
|  | 15 | etwa 0,20–0,23 | Geröllschicht mit Eistransportblöcken und Unioresten. |
|  | 14 | etwa 0,34 | Grauer bis gelbbrauner Sand mit Andeutung von Schrägschichtung und Neigung zur Windpfeilerbildung. |

| | | | |
|---|---|---|---|
| | 13 | etwa 0,50 | Sand, reich an kleinen Geröllen, z. T. eisenschüssig. |
| Mauerer Sande. | 12 | etwa 0,50 | Grauer mittelkörniger Sand mit einer schwach eisenschüssigen Schicht. |
| | Lettenbank. 11 | 2,25 | Sehr fester Letten, mit HCl schwach brausend. |
| | 10 | 1,65 | Abwechselnde Schichten von schwach eisenschüssigem Sand und grauem, manchmal auch braunem Letten. Die jüngste der nach oben an Mächtigkeit zunehmenden etwa 9 Lettenschichten enthält nur sehr wenig Sand. |
| | 9 | etwa 0,55 | Reiner Sand mit unregelmäßig verteilten eisenschüssigen Stellen. |
| | 8 | etwa 0,25 | Mittelkörniger, grauer Sand mit vereinzelten kleinen Geröllen und vielen Lettenbrocken. |
| | 7 | 1,35 | Mittelkörniger Sand mit vereinzelten kleinen Geröllen und Lettenbröckchen. |
| | 6 | 0,60–0,65 | Grauer, mittelkörniger Sand mit vereinzelten Geröllen und kleinen Geröllschmitzchen. (Die Lage mit den vereinzelten Geröllen tritt nur stellenweise auf.) |
| | 5 | etwa 0,23 | Grobkörniger, mit HCl nicht brausender Sand mit eisenschüssigen Bändern. |
| | 4 | etwa 0,10 | Geröllschicht, durch kohlensauren Kalk etwas verkittet, mit ganz dünnen Lagen von Letten, der mit HCl schwach braust. |

| | | | (**Fundschicht des menschlichen Unterkiefers.**) |
|---|---|---|---|
| | 3 | 0,22 | Gröberer Sand, mit HCl nicht brausend. |
| | 2 | etwa 0,20 | Geröllschicht, z. T. deutlich zu einem Conglomerat verkittet. Der verkittende Sand ist stark eisenschüssig, mit HCl nicht brausend. Weiß-Jurageröll und Reste von Unio sind häufig. |
| | 1 | etwa 0,45 | Mittelkörniger, mit HCl nicht brausender Sand. |
| | | | Grubensohle. |

Hiernach wurde der menschliche Unterkiefer etwa 0,87 m über der Sohle und etwa 24,10 m unter der Oberkante der Sandgrube aufgefunden, welch letztere Zahl der vom Geometer festgestellten 24,63 m (vgl. Taf. II, Fig. 3) bis auf 0,53 m nahekommt. Um diesen Punkt für die Zukunft festzulegen, ließ ich auf dieser Stelle einen kubischen Sandstein mit der eingemeißelten Inschrift „Fundstelle des menschlichen Unterkiefers 21. Oktober 1907" errichten. Dieser Stein soll liegen bleiben, auch wenn die Grube wieder zugeworfen wird. Es soll dann oben ein neuer Stein mit entsprechender Inschrift gesetzt werden.

Die in dem vorstehenden Profil mit No. 23-1 bezeichneten, von 5,18 m älterem Löß und 5,74 m jüngerem Löß überlagerten Mauerer Sande haben wegen ihres Reichtums an Tierresten seit langer Zeit die Aufmerksamkeit der Geologen auf sich gelenkt. So führt A. BRAUN[13] in der auf der Versammlung deutscher Naturforscher und Ärzte in Mainz 1842 gegebenen vergleichenden Zusammenstellung der lebenden und diluvialen Molluskenfauna des Rheintals mit der tertiären des Mainzer Beckens unter der Rubrik „Ältere Diluvialbildung" die Sande bei Bruchsal, bei Mauer im Elsenztal und bei Mosbach zwischen Mainz und Wiesbaden an. Während er von Mosbach auf Grund der Untersuchungen des Bergsekretärs RAHT 66 Conchylienarten zu verzeichnen in der Lage ist, muß er sich für Mauer auf folgende Bemerkung beschränken: „Der dortige, durch seine interessanten Säugetierknochen bekannte, hoch von Löß bedeckte Sand enthält eine Menge von Unionen und größeren Helices, jedoch sämtlich so weich und mürbe, daß eine vollständige Herauslösung und genaue Bestimmung bis jetzt nicht möglich war."

FR. SANDBERGER[69] bemerkt sodann in seinem 1870/75 erschienenen Werke „Die Land- und Süßwasserconchylien der Vorwelt“, in dem über die Binnenmollusken der Mittelpleistocänschichten handelnden Kapitel folgendes: „Im Neckartale selbst sind in keiner sonstigen unter dem Tallöß gelagerten Ablagerung Binnenmollusken nachgewiesen, wohl aber in dem bei Neckargemünd in dasselbe einmündenden Elsenztale. Hier finden sich bei Mauer etwa 100' über dem Spiegel der Elsenz Sand- und Geröllbänke, welche schon A. BRAUN als Lagerstätte fossiler Wirbeltiere und Binnenmollusken bekannt waren. Im Jahre 1868 beobachtete ich hier von oben nach unten in einer Sandgrube:

1. Tallöß mit zahlreichen Conchylien

2. Rötlichen Sand mit diagonaler Schichtung und einzelnen Stücken von Helix rufescens hispida und Succinea oblonga, an der Grenze gegen 3 auch mit zerbrochenen Unionen

3. Groben Kies, bestehend aus Geröllen von Buntsandstein, Wellenkalk, Muschelkalk, Hornstein und Feldspatbrocken mit Equus caballus und Elephas primigenius (?)

Da von Binnenmollusken nur die oben genannten Arten, von Säugetieren aber nur noch Rhinoceros Merckii Jaeg. und Ursus spelaeus gefunden worden sind, so läßt sich das Alter der Sande noch nicht genauer feststellen, doch deutet das Fehlen von Rhinoceros tichorhinus, Felis spelaea und Hyaena spelaea auf ein höheres Alter, als das des Cannstatter Tuffes, und vielleicht hat A. BRAUN recht, wenn er den Sand von Mauer mit jenem von Mosbach bei Wiesbaden parallelisiert.“

BENECKE und COHEN[9] erwähnen bereits 12 Conchylienarten von Mauer, die auf einigen Exkursionen gesammelt wurden, und weisen darauf hin, daß man hier eine reiche Fauna zusammenbringen könne, welche wahrscheinlich für die schon mehrfach gemachte Annahme, daß der Sand von Mauer mit dem Sande von Mosbach bei Wiesbaden gleichalterig sei, sichere Anhaltspunkte ergeben würde.

A. ANDREAE[5] hat nun in seiner für das Gebiet der Diluvialgeologie und der Malakozoologie gleich wichtigen Abhandlung über den Diluvialsand von Hangenbieten im Unterelsaß, Straßburg 1884, dieses Desiderat namentlich in bezug auf die Mollusken erfüllt, indem er in einer tabellarischen Übersicht der Fauna des Diluvialsandes von Hangenbieten, verglichen mit der Fauna des Diluvialsandes von Mosbach bei Biebrich und von Mauer bei Heidelberg, sowie mit der recenten Fauna des Elsaß und des Oberrheingebietes, von Mauer 35 Arten angibt, welche Zahl aber, wie er bemerkt, noch sehr der Vervollständigung bedarf; denn von Hangenbieten sind 79 und aus dem Diluvialsand von Mosbach 93 Molluskenarten bekannt geworden. Von

Mauer werden folgende angeführt, die sämtlich auch in Mosbach vertreten sind:

| | Hyalinia | (Polita) | nitidula Drap. sp. |
|---|---|---|---|
| | » | » | radiatula Ald. sp. |
| | » | (Vitrea) crystallina Müll. sp. | |
| * | Patula | (Goniodiscus) solaria Menke sp. | |
| | » | (Patulastra) pygmaea Drap. sp. | |
| | Helix | (Vallonia) | pulchella Müll. |
| | » | » | costata Müll. |
| * | » | » | tenuilabris Braun. |
| * | » | (Petasia) bidens Chemn. sp. | |
| | » | (Trichia) | hispida L. |
| | » | » | rufescens Penn. |
| | » | (Eulota) fruticum Müll. | |
| | » | (Arionta) arbustorum L. | |
| | Buliminus (Ena) montanus Drap. | | |
| | Cochlicopa (Zua) lubrica Müll. sp. | | |
| | Pupa | (Pupilla) muscorum L. sp. | |
| | » | (Vertigo) pygmaea Drap. | |
| * | Clausilia (Pirostoma) pumila (Ziegl.) C. Pfeiff.? | | |
| | Succinea | (Tapada) | putris L. sp.? |
| | » | » | Pfeifferi Rossm. |
| | » | » | oblonga Drap. |
| | Valvata | (Concinna) | antiqua Sow. |

| | » | » | piscinalis Müll. sp. |
|---|---|---|---|
| * | » | » | naticina Menke. |
| | Bythinia tentaculata L. sp. | | |
| | Limnaeus (Limnophysa) palustris Müll. sp. | | |
| | Planorbis (Gyraulus) Rossmaessleri [II.] (Auersw.) S. Schm. | | |
| | Ancylus fluviatilis Müll. | | |
| | Unio | pictorum L. sp. | |
| | » | batavus Lam. | |
| * | Sphaerium | rivicola Leach sp.? | |
| * | » | solidum Norm. sp. | |
| | Pisidium | amnicum Müll. sp. | |
| * | » | supinum A. Schm. | |
| | » | Henslowianum Shepp. | |

NB. Die mit ? bezeichneten Arten sind in Fragmenten oder angezweifeltem Vorkommen vorhanden.

Wie ANDREAE bemerkt, fehlen die mit einem Stern bezeichneten Mollusken jetzt in der Fauna des Oberrheingebietes. Um darüber Klarheit zu erhalten, ob dies auch auf das Neckargebiet zutrifft, wandte ich mich an den ausgezeichneten Kenner desselben, Herrn D. GEYER in Stuttgart, der so freundlich war, hierüber, sowie über die weitere Frage Auskunft zu geben, welche Schlüsse auf das derzeitige Klima die in den Sanden von Mauer abgelagerten Mollusken gestatten. Ich teile das Wesentlichste aus diesem Berichte hier mit: Es handelt sich bei den Ablagerungen von Mauer offenbar um fluviatile Bildungen, welche durch den Neckar zustande gekommen sind. Nun wäre es aber durchaus irrig, anzunehmen, daß die in den Sanden abgelagerten Schalen aus größeren Entfernungen bzw. aus einem weiten Gebiete hierher geführt und Vertreter der gesamten Fauna seien. Die große Masse stammt vielmehr aus der nächsten Nähe, da die zahlreichen scharfen Windungen bzw. Schleifen des Neckars ebenso viele Dämme bildeten, welche die auf den Fluten schwebenden leeren Schalen zur Ablagerung nötigten; denn nur um solche handelt es sich, da die mit lebenden Tieren gefüllten Schalen untersinken und im Sande und Geröll zerrieben werden. Felsen-, Berg-, Heide- und großenteils auch Waldbewohner sucht man vergeblich in Ausspülungen; diese setzen sich zusammen aus Wasser-, Ufer-, Wiesen- und Gebüschbewohnern, denen nur einzelne Waldschnecken sich zugesellen.

Von den in obiger Liste angeführten 35 Arten sind 21 Land- und 14 Wassermollusken. Von ersteren sind nur 3 Baumtiere: Helix fruticum, eigentlich Buschtier; Helix arbustorum, die aber auch gern auf dem Boden am Wasser lebt, und Buliminus montanus, der sich am meisten von den dreien an Bäume hält. Helix rufescens lebt meist am Boden und steigt nur zuweilen an Krautpflanzen auf. Die übrigen Landschnecken sind alle ausschließlich Bodentiere. Die Busch- und Baumtiere leben heute noch in nächster Nähe von Mauer.

Die in obiger Liste mit einem Stern bezeichneten Arten fehlen heute auch im Neckargebiete bis auf Sphaerium rivicola, Sph. solidum und Pisidium supinum. Sie leben aber größtenteils noch im Osten, wie aus den in der Fußnote[III.] auszugsweise wiedergegebenen Mitteilungen des Herrn D. GEYER hervorgeht. Sein Resumé lautet: „Sollen Folgerungen in bezug auf das Klima aus den in den Sanden von Mauer zur Ablagerung gelangten Molluskenschalen gemacht werden, so kann man allenfalls auf ein mehr kontinentales Klima, als wir es heute haben, schließen.“

Die von ANDREAE a. a. O. mitgeteilte Liste der in den Mauerer Sanden festgestellten Säugetiere ist namentlich durch W. v. REICHENAU[64 u. 65], Beiträge zur näheren Kenntnis der Carnivoren aus den Sanden von Mauer und Mosbach, erweitert und berichtigt worden, auf welche wichtige Arbeit bei den Bemerkungen zu den einzelnen Species Bezug genommen werden soll. Hinzufügen konnte ich selbst noch Sus scrofa var. cfr priscus Marcel de Serres, Cervus (Alces) latifrons Johns. und Felis cfr catus. Zwei von ANDREAE angeführte Arten: Elephas primigenius Blumenb. und Bos primigenius Boj. mußten ausgeschieden werden, da deren Reste wahrscheinlich aus der die Mauerer Sande überlagernden Lößstufe stammen.

Da in letzter Zeit ausschließlich die im Profil der Sandgrube am Grafenrain mit 1-10 bezeichneten Sandschichten abgebaut wurden, so stammen die von mir selbst jüngst gesammelten Tierreste sämtlich aus diesem Horizonte, in welchem, und zwar in Schicht 4 0,87 m über der Sohle, der menschliche Unterkiefer gefunden wurde. Daß aber auch die oberen über der Lettenbank lagernden Sandschichten 12-23, die früher ausgebeutet wurden, ergiebig an Säugetierresten waren, kann ich aus eigner Erfahrung bestätigen. Auch A. SAUER[70] bekräftigt dies in bezug auf Elephas antiquus, der, einer Bemerkung in den Erläuterungen zu Blatt Neckargemünd S. 67 zufolge, „in der Sandschicht b wie d, also nicht bloß im Liegenden, sondern auch im Hangenden der Lehmbank c (vgl. das untenstehende Profil[IV.]) aufgefunden wurde".

Ich lasse nun eine mit Erläuterungen versehene Aufzählung der in den Sanden von Mauer festgestellten Säugetiere folgen, wobei die in der Sammlung des Heidelberger geologisch-paläontologischen Instituts vorhandenen Fossilien besonders berücksichtigt sind. Um etwas Vollständiges zu bieten, wäre eine gründliche Bearbeitung des gesamten, in den verschiedenen Sammlungen vorhandenen Materials erforderlich — eine Aufgabe, der sich erfreulicherweise in letzter Zeit einige Spezialforscher zugewendet haben.

Felis leo fossilis = Felis spelaea Goldfuß? Von einer großen Katze aus den Mauerer Sanden befinden sich im geologisch-paläontologischen Institut Heidelberg ein isolierter P 4 (Reißzahn) des Oberkiefers und das Bruchstück eines linken Unterkiefers mit M 1 (Reißzahn), von dem die vordere Zacke fehlt; von P 4 und P 3 ist außerdem die Krone abgebrochen, und von C steckt nur noch ein Teil der Wurzel in der Alveole[V.]. Nach W. v. REICHENAU[65], der diese Objekte bestimmt, in seinen Beiträgen zur näheren Kenntnis der Carnivoren aus den Sanden von Mauer und Mosbach S. 303/4 beschrieben und auf Taf. IX, Fig. 1 und Taf. X, Fig. 1 abgebildet hat, rühren sie von einem Individuum her, das, wie der stark abgenutzte P 4 sup. zeigt, in einem vorgeschrittenen Alter stand. Besagter Zahn weist relativ kleine Dimensionen auf: Seine Länge — Vorderrand des Innentuberkels mitgemessen — beträgt nämlich nur 36 mm, während sie sich sonst bei Felis spelaea zwischen 39–43 bewegt.

Felis cfr catus. Hiervon liegt ein 3. oder 4. Rückenwirbel vor, den ich jüngst in dem unteren Horizonte der Mauerer Sande angetroffen habe. Derselbe stimmt gut überein mit dem im Heidelberger zoologischen Institut befindlichen Skelet einer recenten Wildkatze aus der Umgegend von Heidelberg, nur sind die Dimensionen bei dem Wirbel von Mauer beträchtlich größer. Herr H. G. STEHLIN hatte die Freundlichkeit, unabhängig von mir eine Bestimmung des letzteren vorzunehmen, die mit der meinigen übereinstimmt. Er schreibt: „Sollte Felis catus ferus auch in den Mosbacher Sanden festgestellt sein, so würde ich den Wirbel auf diese Species beziehen; anderenfalls wäre er am passendsten als Felis cfr catus zu rubrizieren." In der Revision der Mosbacher Säugetierfauna von H. SCHRÖDER[80] ist Felis catus ferus nicht aufgeführt.

Canis Neschersensis (Croizet) de Blainville. W. v. REICHENAU beschreibt in seinen Beiträgen S. 195–201 und Taf. X, Fig. 2–4 drei Unterkieferhälften aus den Mosbacher Sanden sowie zwei P 4 des Oberkiefers, einer ebendaher, der andere von Mauer — letzterer im Museum Hildesheim —, die er dem C.

Neschersensis zuteilt, der, in Größe zwischen Wolf und Schakal stehend, fast genau mit dem lebenden Pyrenäenwolf (C. Lycaon Erxl.) übereinstimmt.

Ursus arvernensis Croizet. Von einem verhältnismäßig kleinen Bären wurden mehrfach Reste von Unterkiefern sowie auch einzelne Zähne in den Sanden von Mauer und Mosbach aufgefunden, die von W. v. REICHENAU bestimmt, in den bereits erwähnten Beiträgen beschrieben und z. T. auch abgebildet sind. Die mannigfachen Abweichungen, die Ursus arvernensis von den von RISTORI zu dem gleichen Formenkreise gestellten Ursus ruscinensis Depéret und Ursus etruscus Cuvier zeigt, sind in der v. REICHENAUSCHEN Schrift durch Maße belegt. Unter anderem geht daraus hervor, daß der Kiefer des Ursus arvernensis beträchtlich kleiner, bzw. kürzer ist, als die von RISTORI veröffentlichten italienischen.

Die Reste des Ursus arvernensis von Mauer sind leider in alle Himmelsrichtungen zerstreut. Es befinden sich: 1) Im K. Naturalienkabinett in Stuttgart: eine linke Unterkieferhälfte mit der Zahnreihe, abgebildet bei v. REICHENAU Taf. VIII, Fig. 4. 2) Im Römermuseum zu Hildesheim: Bruchstück eines rechten Unterkiefers mit abgebrochenem Caninus, den Alveolen von P 1–3, mit P 4 und M 1 (v. REICHENAU Taf. IX, Fig. 3); ferner isoliert: ein oberer Caninus und zwei untere (v. REICHENAU Taf. IX, Fig. 11–13), sowie die Krone eines solchen. 3) Im geologisch-paläontologischen Institut der Universität Heidelberg: Ein oberer dritter Incisivus (v. REICHENAU Taf. IX, Fig. 15), sowie die Krone eines an der Wurzel abgebrochenen Caninus, den ich jüngst noch in der Schicht des menschlichen Unterkiefers zu sammeln Gelegenheit fand.

Ursus Deningeri v. Reichenau. Dieser neue Formenkreis von großen Bären ist von W. v. REICHENAU an Resten aus den altdiluvialen Sanden von Mauer und Mosbach erkannt, die bisher dem Ursus spelaeus Rosenmüller zugesprochen wurden. Allein der Ursus Deningeri weist im Vergleich mit den Höhlenbären beträchtliche Differenzen auf. So besitzt z. B. sein vierter unterer Prämolar „an der Innenseite des kräftigen Protoconids zwei bis drei Sekundärhöcker, die durch eine Furche vom Protoconid getrennt sind", was ihn vom Höhlenbären auf den ersten Blick unterscheiden läßt. Ursus Deningeri hat Verwandtschaftsbeziehungen zu dem ihm voraufgegangenen Ursus etruscus Cuvier, an den er sich bezüglich der Formen- und Größenverhältnisse, namentlich auch hinsichtlich der starken Variation des Schädels und Kiefers anschließt. Insbesondere zwingt, wie v. REICHENAU bemerkt, die Vergleichung des Unterkiefergebisses von Ursus etruscus und Deningeri geradezu zu der Annahme, daß letzterer aus ersterem hervorgegangen ist. Ursus Deningeri erreichte eine beträchtliche Größe, die derjenigen des Höhlenbären nicht nachsteht, wie der im Mainzer Museum aus dem Mosbacher Sande stammende Schädel erkennen läßt, dessen Schädelbasis vom Vorderrande des Foramen magnum bis zum Vorderrande der Alveole des mittleren Schneidezahnes 457 mm mißt. Das Profil des Ursus Deningeri-Schädels ähnelt am meisten dem recenten Ursus beringianus; nur sind die Nasalia des Ursus Deningeri mehr gewölbt und die Prämaxillaria mehr gestreckt. Die Schädelbasis des Ursus beringianus mißt übrigens nur 363 mm.

In einem Nachtrage zu seinen Beiträgen führt W. v. REICHENAU aus, daß in den ihm aus der Sammlung der Senckenbergischen Naturforschenden Gesellschaft zugegangenen oberen Molaren von Mosbach sich Ursus Deningeri so sehr dem echten Höhlenbären nähert, daß ihm in ersterem eine Ahnenform der Spelaearctos spelaeus-Gruppe vorzuliegen scheine. „Aus der Etruscus-Arvernensis-Reihe würde sich zunächst die noch mehr polymorphe Deningeri-Reihe entwickelt haben, aus welcher dann diejenigen Höhlenbären hervorgingen, denen die drei vorderen Prämolaren des Unterkiefers fehlen."

Von Ursus Deningeri aus den Sanden von Mauer befinden sich: 1) Im geologisch-paläontologischen Institut Heidelberg: Ein Oberkieferfragment mit Gaumenplatte und Gebiß (M 2, M 1, P 4 gut erhalten, C z. T. abgebrochen, Incisivi fehlend); ferner die Kronen eines Caninus des linken Unterkiefers und eines M 2 des rechten Oberkiefers. 2) Im Römermuseum Hildesheim: ein Caninus. — Die beiden letztgenannten Objekte sind abgebildet bei W. v. REICHENAU Taf. IX, Fig. 5 u. 10.

Sus scrofa var. cfr priscus Marcel de Serres. Hiervon befinden sich im geologisch-paläontologischen Institut Heidelberg zwei noch in den Alveolen steckende Molaren (M 3–M 2 inf. dext.), die nach einer Bestimmung des Hr. W. v. REICHENAU als Sus priscus Serres bezeichnet sind. Auch Hr. H. G. STEHLIN, der so freundlich war, sein Urteil über diese Zähne abzugeben, ist der Meinung, „daß sie ihren beträchtlichen Dimensionen nach ganz wohl zu Sus scrofa priscus Serres gehören können, obwohl sie in der relativen Breite ihren Äquivalenten an der Typusmandibel von Lunel-Vieil etwas nachzustehen scheinen. Die Frage, inwiefern Sus scrofa priscus für älteres Quartär charakteristisch ist, bedarf noch sehr der genaueren Prüfung. Tatsache scheint zu sein, daß S. scrofa des älteren Quartärs meist bedeutendere Körpergröße erreichte, als dasjenige der späteren Zeiten. Allein ich kenne neolithische Suszähne vom Rinnehügel am Burtnecksee, welche in Größe und Struktur auffallend mit der von HARLÉ im Altquartär von Montsaunés entdeckten übereinstimmen. Auch wird man gut tun, nicht zu übersehen, daß unter den vorderhand als S. scrofa priscus zusammengefaßten Materialien gewiß Differenzen bestehen, welche vielleicht noch einmal zur Unterscheidung mehrerer Varietäten führen könnten. Beim gegenwärtigen Stand unserer Kenntnisse ist das Tier von Mauer am passendsten als Sus scrofa var. cfr pricus Marcel de Serres zu rubrizieren." — Auch in den Mosbacher Sanden sind mehrfach einzelne

Zähne von Sus scrofa aufgefunden. NEHRING, ein ausgezeichneter Kenner der Quartärfaunen Mitteleuropas, gibt an, daß er selbst bei seinen Ausgrabungen in dem Diluvium von Thiede (unweit Braunschweig), Westeregeln (zwischen Magdeburg und Halberstadt), Oberfranken, am Rhein usw. niemals den geringsten Rest von Sus gefunden habe, nur aus präglacialen und aus altdiluvialen Ablagerungen seien ihm solche bekannt geworden. Es ist dies verständlich, wenn man in Betracht zieht, daß die Wildschweine durch anhaltenden Frost ganz besonders leiden; sie können in dem festgefrorenen Boden nicht wühlen und sind somit in der Aufsuchung ihrer Nahrung sehr behindert. Weiteres hierüber findet sich bei O. SCHOETENSACK[79], Beiträge zur Kenntnis der neolithischen Fauna Mitteleuropas 1904 S. 13.

Cervus (Alces) latifrons Johns. Zu den häufigsten Resten gehören nach H. SCHRÖDER in den Mosbacher Sanden Skeletteile, Gebisse und Geweihe dieses riesenhaften Elches, dessen Schaufeln an einer sehr langen und kräftigen Stange sitzen. Auch mir fielen die überaus starken Molaren eines Cerviden in den Sanden von Mauer auf, die M. SCHLOSSER zu bestimmen die Freundlichkeit hatte. Einzelne Zähne dieses Elches sind schon in den alten Beständen der Heidelberger Sammlung vorhanden. Es gelang mir, solche aber auch in mehreren Exemplaren in der Fundschicht des menschlichen Unterkiefers festzustellen. — So häufig wie in Mosbach scheint Cervus (Alces) latifrons in Mauer nicht gewesen zu sein. Von zwei zusammengehörigen Prämolaren des rechten Unterkiefers (Nr. 18 d. Heidelb. Sammlg.) mißt P 3 mesiodistal 24,7 mm und P 4 29 mm; der linguobuccale Durchmesser steigt bei ersterem bis zu 17,2 mm, bei letzterem bis zu 20,5 mm an; die Schmelzleisten sind ungemein kräftig ausgebildet.

Cervus elaphus L. var. Reste des Edelhirsches sind häufig in den Mauerer Sanden. Außer Skeletteilen der Extremitäten finden sich besonders oft isolierte Zähne sowie mehr oder weniger fragmentarische Unterkieferhälften. Eine solche (rechte) mit vollständig erhaltener Zahnreihe schließt sich in bezug auf die Länge dieser genau einem uns vorliegenden recenten Cervus elaphus aus der Schweiz an: Die Gesamtlänge von 3 P + 3 M beträgt bei beiden 118 mm; dagegen beträgt die Länge vom Angulus bis zum Incisivrand bei dem Mauerer Exemplar etwa 320 mm, bei unserem recenten aber nur 285 mm. RÜTIMEYER[67], Fauna der Pfahlbauten S. 59, gibt für den Unterkiefer des recenten Edelhirsches 300 mm und für den großen Pfahlbauhirsch sogar 345 mm an. — Von einem mitten durchgebrochenen, sonst aber — auch an beiden Gelenkflächen — vollkommen erhaltenen Metatarsus gebe ich nachstehend die Maße, verglichen mit den von RÜTIMEYER mitgeteilten:

| | | Mauer | Pfahlbauhirsch | Recent |
|---|---|---|---|---|
| Metatarsus, | volle Länge | 320 | 370 | 260 |
| » | obere Gelenkfläche quer | 38,8 | 38 | 30 |
| » | untere»» | 45 | 45 | 34 |

Von Geweihen, die leider nur in Bruchstücken vorliegen, scheinen sich hauptsächlich die kräftigsten erhalten zu haben. Diese gleichen z. T. den von POHLIG[62] in seiner Abhandlung „Die Cerviden des thüringischen Diluvial-Travertines« als Cervus (elaphus) Antiqui abgebildeten von Taubach; doch ist der Umfang der Stange unmittelbar über der Rose bei zwei von Mauer vorliegenden Exemplaren beträchtlicher (20 und 24 cm!). Ich möchte mir daher in der Bestimmung der Geweihreste des Edelhirsches von Mauer dieselbe Vorsicht auferlegen, wie sie H. SCHRÖDER „in Ansehung der ganz außerordentlichen Variabilität der Geweihe und der noch größeren Meinungsverschiedenheiten der Autoren über die Beziehungen und gegenseitige Abgrenzung der Varietäten, namentlich fossiler Hirsche" in seiner Revision der Mosbacher Säugetierfauna für geboten hält.

Cervus capreolus L. Reste vom Reh sind in den Mauerer Sanden nicht häufig. In der Heidelberger Sammlung befinden sich ein oberes und ein unteres Ende von zwei verschiedenen Geweihstangen, die von ausgewachsenen Tieren herrühren; ferner das Unterkieferfragment eines jugendlichen. Abweichungen von dem recenten Reh vermag ich nicht daran zu erkennen.

Bison sp. nov. ind. Ebenso wie in dem Mosbacher Sande ist ein Bison auch in Mauer häufig. Leider sind die seit Jahrzehnten hier aufgefundenen Reste in alle Himmelsrichtungen zerstreut, so daß ein Studium derselben sehr erschwert ist. Nach den Messungen, die ich an den in dem geologisch-paläontologischen Institut der Universität Heidelberg befindlichen zwei Schädelfragmenten, drei isolierten Hornzapfen und einem Unterkiefer vornehmen konnte, weicht der Bison von Mauer beträchtlich von dem in dem europäischen Diluvium weit verbreiteten Bison priscus Boj. ab. Er schließt sich, soweit sich dies nach den wenigen vorliegenden Resten beurteilen läßt, mehr an den recenten Bison europaeus Ow. an. Da eine erschöpfende Bearbeitung dieser Frage nicht in dem Rahmen dieser Abhandlung liegt, so beschränke ich mich darauf, den von mir genommenen Maßen einige von L. RÜTIMEYER[67], Die Fauna der Pfahlbauten S. 74 und H. v. MEYER[52], Nova Acta Acad. Leopold., 1835, S. 138 angeführte Vergleichszahlen beizufügen:

| Masse des Unterkiefers [VI.] in Millimetern | | Mauer | Bojanus | Nordmann Paläontologie Südrußlands | Robenhausen Pfahlbau |
|---|---|---|---|---|---|
| | | | nach Rütimeyer | | |
| Höhe hinter M 3 | | 68,2 | 65 | 68 | — |
| Höhe vor P 1 | | 42 | 38 | — | — |
| Länge der Backenzahnreihe | | etwa 153 | 164 | 147 | 145 |
| M 3 | Länge | 42,8 | 45 | 42 | 42 |
| | Breite | 19,6 | — | — | 17,5 |
| M 2 | Länge | 27,9 | 31 | 27 | 27 |
| | Breite | 19,4 | — | — | 17,5 |
| M 1 | Länge | 23,9 | 31 | 22 | 23 |
| P 1–3 | Länge | etwa 56 | 56 | 57 | 50 |

| | Bison von Mauer | | | | | Bison europaeus | | | | Bison priscus | | | | |
|---|---|---|---|---|---|---|---|---|---|---|---|---|---|---|
| | Schädel-fragment 1 | Schädel-fragment 2[VII] | Isolierter Horn-zapfen 201 | Isolierter Horn-zapfen 202 | Isolierter Horn-zapfen 211 | Berlin | Paris | Petersburg | Schönbrunn | Diluvium (Niederterrasse Kirchheim bei Heidelberg). Städt. Sammlungen Heidelberg. Eig. Messung | Aus dem Rhein bei Sandhofen Mannheim Mus. Frankfurt a. M. | Aus dem Rhein Mus. Darmstadt | Aus dem Rhein Mus. Darmstadt | Aus dem Rhein Mus. Speyer |
| Breite der Stirn zwischen d. Einbiegungen über d. Augenhöhlen nach einer geraden Linie | 264 | 275 | — | — | — | 258 | 220 | 270 | 231 | 330 | 301 | 304 | 345 | 315 |
| Breite der Stirn zwischen der Basis der Hornzapfen | 260 | — | — | — | — | 234 | 230 | 280 | 230 | 325 | 355 | 437 | 404 | 379 |
| Umfang der Hornzapfenbasis | — | — | — | — | 330 | 290 | — | — | — | 390 | 380 | 364 | 382 | 458 |
| Länge der gernden Linie v. untern Teile der Hornzapfenbasis bis zur Spitze des Zapfens | — | — | 300 | 295 | 230 | 285 | — | — | 230 | 460 | 477 | 448 | 382 | 351 |
| Dieselbe Länge nach der Krümmung des Zapfens | — | — | 330 | 330 | 290 vordere Curvatur 385 hintere Curvatur | 498 | — | — | 320 | 520 vordere Curvatur 650 hintere Curvatur | 514 | 546 | 487 | 465 |
| Längendurchmesser des Hinterhauptsloches | 44.5 | 43.5 | — | — | — | 38 | — | — | 30 | 40 | 48 | 47 | 51 | 48 |
| Entfernung vom Hinterhauptskamme bis zum oberen Rande des Hinterhauptsloches | 102 | 101 | — | — | — | 100 | — | — | 110 | 117 | 107 | 118 | 110 | 128 |
| Größte Breite des Hinterhauptes nach einer geraden Grundlinie | 260 | 260 | — | — | — | 246 | 200 | 265 | 240 | — | 297 | 291 | 310 | — |
| Entferng. v. ein. Hornzapfenbasis zur anderen am hintern Teil des Schädels nach ein. geraden Linie | 273 | 300 | — | — | — | 302 | — | — | — | 320 | 359 | 400 | 312 | 358 |

A. ANDREAE[5] führt unter der Fauna von Mauer auch Bos primigenius Boj. an. Ich konnte unter den im Heidelberger geologisch-paläontologischen Institut befindlichen Tierresten aus den Mauerer Sanden nur Bison priscus feststellen. Auch in den Mosbacher Sanden kommt nach F. KINKELIN[31 u. 38] und H. SCHRÖDER[80 u. 81] nur Bison vor. Es liegt daher die Vermutung nahe, daß es sich bei den von ANDREAE erwähnten Resten um solche handelt, die aus der Lößstufe stammen.

Equus sp. Nach brieflicher Mitteilung des Herrn W. v. REICHENAU, der mit der Bearbeitung der Equidenreste aus den Sanden von Mosbach und Mauer beschäftigt ist, stellen die aus letzterem Fundorte vorliegenden einzelnen Zähne von Equus in ihrem sehr variablen Verhalten eine Übergangsreihe dar, ausgehend von der Form Equus Stenonis Cocchi (mit kurzachsigem vorderen Innenpfeiler der Kaufläche), bis zur Taubacher Form hinüberleitend. Dasselbe ist bei dem großen Equus Mosbachensis der Fall. Equus germanicus Wüst = E. caballus var. germanica Nehring ist in Mauer nicht vertreten.

Rhinoceros etruscus Falc. ist häufig in den Sanden von Mauer. Namentlich vom Kopfskelet sind zahlreiche Reste aufgefunden; darunter Unterkieferfragmente mit Zahnreihen und isolierte Zähne. Das Gliedmaßenskelet ist u. a. durch ein leidlich gut erhaltenes Becken vertreten; von dem Rumpfskelet kommen häufig Rippen vor. Alles für die Bestimmung der Species wichtige Material, das sich in der Heidelberger Universitätssammlung vorfindet, ist zurzeit in Händen von HENRY

SCHRÖDER, dem ausgezeichneten Kenner der Rhinozeroten, der so freundlich war, mir folgendes vorläufige Ergebnis seiner Untersuchungen zur Verfügung zu stellen: „Betreffend die Rhinocerosreste von Mauer kann ich heute noch auf meiner vor 10 Jahren in der Revision der Mosbacher Säugetierfauna gegebenen Bestimmung des Rhinoceros etruscus Falc. beharren; mir ist bisher kein Stück unter die Hände gekommen, das man als Rhinoceros Merckii deuten könnte, wenn man als Typus dieser Art die Taubacher Form annimmt." Die von SCHRÖDER angezogene, Rhinoceros etrusc. Falc. betreffende Stelle lautet: „Diese aus dem oberen Pliocän des Arnotales und aus dem Forestbed Englands bekannte Rhinocerosart ist in Mosbach häufig. Die besterhaltenen Stücke besitzt das Museum der Landesanstalt und das Mainzer Museum, beide je einen Schädel mit Prämolaren und Molaren, letzteres einen vollständigen Unterkiefer und ersteres vollständig erhaltene Reihen des definitiven und des Milchgebisses. Rhinoceros etruscus unterscheidet sich durch nur sanft aufsteigende Parietalia, starke, fast horizontal verlaufende Cingula an der Innenseite der Prämolaren des Oberkiefers und größere Niedrigkeit der Zahnkronen von dem echten Rhinoceros Merckii, das zudem noch erheblich größer ist. Die Übereinstimmung der Mosbacher Zähne mit solchen aus dem italienischen Pliocän ist vollkommen. Übrigens vermutete bereits SANDBERGER Rhinoceros etruscus in Mosbach."

Elephas antiquus Falc. kommt häufig vor in den Sanden von Mauer. Ansehnliche Reste des Rumpf-, Kopf- und Gliedmaßenskelettes sind in der Sammlung des Heidelberger geologisch-paläontologischen Instituts vorhanden, die sich auf die verschiedensten Altersstadien erstrecken. Es erschien mir besonders wichtig, dieses Leitfossil auch aus dem gleichen Horizonte, aus dem der menschliche Unterkiefer stammt, nachzuweisen, was durch die freundliche Unterstützung des Herrn J. RÖSCH in befriedigendster Weise gelungen ist. Es wurde nämlich 11,5 m südlich von der im geologischen Profil mit einem Kreuz bezeichneten Fundstelle der Oberkiefer eines ganz jungen Individuums und 25 m nordwestlich von der genannten Stelle der Unterkiefer eines noch nicht völlig ausgewachsenen Individuums aufgefunden. Von letztgenannter Mandibula, die aus der Symphyse in zwei Teile zerfallen war, die sich leicht wieder zusammensetzen lassen, fehlt beiderseits der obere Teil des Ramus ascendens. Auf Taf. IV, Fig. 6 ist ein Teil der linken Hälfte des Unterkiefers so abgebildet, daß die Schmelzfiguren der Kaufläche des ersten Molaren zu erkennen sind. Sie sind typisch rautenförmig, am distalen Teile mehr als am mesialen mit zahlreichen Ausbuchtungen versehen. Die Stärke der Schmelzwand beträgt 1,5–2,0 mm. Von dem nachdrängenden M 2 ist die Kaufläche der Querjoche noch völlig intakt. Die Höhe des Corpus mandibulae beträgt unter M 1 148 und unter M 2 155 mm. Die Dicke des Corpus mißt an der Basis 112 mm und steigt nach oben bis zu 160 mm an. Der mesiodistale Durchmesser von M 1 beträgt im Maximum 157, der linguobuccale 63 mm, beide Maße an der Kaufläche genommen. Da nach ZITTEL beim recenten (indischen) Elefanten der erste Molar erst im 15. Jahre mit der ganzen Zahnkrone in Funktion ist und der zweite Molar im 20. Jahre zum Vorschein kommt, die Altersgrenze des Elefanten aber weit über 100 Jahre liegen soll, so dürfen wir annehmen, daß die vorliegende Mauerer Mandibula von einem Individuum stammt, das seine Vollkraft noch nicht ganz erreicht hatte.

Das auf Taf. V, Fig. 10 abgebildete Oberkieferfragment eines ganz jungen Tieres wurde zusammen mit anderen demselben Individuum angehörigen Knochen der Kieferregion und der Hirnkapsel — wovon zwei Felsenbeine und das Hinterhauptsbein leidlich gut erhalten sind — aufgefunden. Die Maxillae superiores und die Ossa palatina sind erhalten; ebenso auf jeder Seite zwei Milchmolaren, von denen der mesiale drei Lamellen, der distale deren sieben aufweist. Nach ZITTEL, Handbuch der Paläontologie V. Abt. IV. Bd. 1891. S. 468, verhält sich die Zahl der Querjoche bei Elephas antiquus folgendermaßen:

| | D 1[VIII.] | D 2 | D 3 | M 1 | M 2 | M 3 |
|---|---|---|---|---|---|---|
| sup. | 3 | 5–7 | 8–11 | 9–12 | 12–13 | 15–20 |
| inf. | 3 | 6–8 | 9–11 | 10–12 | 12–13 | 16–21 |

Es liegen demnach bei unserem Oberkiefer D 1 und D 2 vor. Während ersterer Zahn eine starke Abnutzung der Kaufläche aufweist und die Schmelzfiguren deutlich erkennen läßt, ist bei D 2 die Usur nicht so weit vorgeschritten: Die Schmelzfiguren werden distalwärts immer schwächer. H. POHLIG[61] bildet in Nova Acta Acad. Leopold. 1892 Taf. IIb das Fragment einer rechtsseitigen Oberkieferhälfte des im städtischen Museum zu Weimar befindlichen Elephas antiquus ab „mit dem vollständigsten aller bekannten hintersten Milchmolaren“, und A. PORTIS[63] bringt in Palaeontographica N. F. V. 4 (XXIV.) Taf. XIX, Fig. 1 die Abbildung eines im Münchener Museum befindlichen Unterkiefers des Elephas antiquus von Taubach „mit den beiden zweiten gut entwickelten und abgenutzten Milchmolaren und mit Alveolen, aus denen die Embryonen des dritten[IX.] Zahnes herausgefallen sind“. Der Oberkiefer von Mauer ergänzt die vorgenannten Objekte in erfreulicher Weise.

Vom Elephas antiquus ist im Jahre 1887 in der Sandgrube im Grafenrain auch das auf Taf. IV, Fig. 7 abgebildete Schädelfragment nebst Unterkiefer aufgefunden, das von Herrn J. RÖSCH in Mauer dem zoologischen Institut der Universität Heidelberg geschenkt wurde. Da der Zerfall des sehr mürben Knochengewebes durch Wegnahme des es zusammenhaltenden Sandes zu befürchten war, so wurde auf Anordnung und unter Leitung des Hr. Geh. Hofrat BÜTSCHLI eine Kiste um das wichtige Fundstück gezimmert, in welcher die Überführung nach Heidelberg stattfand. Hier konnte mit aller Sorgfalt die Präparation desselben erfolgen. Bemerkenswert ist es, daß an dem Kiefer nur der linke Incisivus zur Ausbildung gelangte, während der rechte, wie die nur 30 × 20 mm messende Alveole zeigt, sehr früh ausgefallen sein muß. Die Länge des linken Schneidezahnes beträgt von der Alveole bis zur Spitze in gerader Linie 1,16 mm, längs der äußeren Kurve gemessen 1,26 mm, der Umfang desselben beim Austritt aus der Alveole 0,38 mm. Es seien noch folgende Maße mitgeteilt: Das Hinterhauptsloch mißt zwischen den Condylen 80 mm, von oben nach der Schädelbasis 74 mm. Breite des Schädels zwischen den Jochbogen 710 mm. Die Entfernung von dem Processus condyloideus des Unterkiefers bis zum äußersten Punkte der Symphysis beträgt 720 mm; eine Senkrechte von dem genannten Processus auf die Fortsetzungslinie der Basis des Unterkieferkörpers mißt 458 mm. Die Entfernung zwischen den beiden Processus condyloidei beträgt 560 mm, zwischen den Processus coronoidei 360 mm; die Höhe des Körpers unter M 2 150 mm.

Von den Kauflächen der Molaren der rechten Ober- und Unterkieferhälften bringt Taf. IV, Fig. 8 und 9 Photographien, die von Hr. W. SPITZ nach einem von ihm gewonnenen Abklatsch hergestellt sind. Es sind oben wie unten von M 1 nur noch Reste vorhanden; M 2 beginnt bei der mit einem Pfeil bezeichneten Stelle. Während M 2 sup. (Fig. 8) die Schmelzfiguren nur undeutlich erkennen läßt, treten solche bei dem unteren Molaren (Fig. 9) genügend scharf hervor. Man kann außer dem mesial nur halb entwickelten Querjoch zehn weitere unterscheiden, die zum Teil typische Rautenform aufweisen. Distal werden die Schmelzfiguren undeutlicher. M 2 sup. hat an der Kaufläche gemessen eine Länge von etwa 140 mm und eine Breite von 60 mm. M 2 inf. ist 197 mm lang und 55 mm breit.

Elephas trogontherii ist nach H. SCHRÖDER in der Fassung, die ihm POHLIG gegeben hat und die von mehreren Autoren angenommen ist, für stratigraphische Zwecke nicht verwendbar. „Faßt man die Species enger und beschränkt sie auf die Zahnform, die ein Mittelding zwischen E. meridionalis und primigenius zu sein scheint, so kann ich nur sagen, daß ich E. trogontherii, wie er bei Mosbach mehrfach gefunden ist, unter dem Material, das ich von Mauer gesehen habe, nicht finden konnte. Meines Erachtens lassen sich alle Stücke auf E. antiquus beziehen." Diesen Worten SCHRÖDERS pflichte ich vollkommen bei. Auch mir sind aus den Mauerer Sanden nur typische Reste des E. antiquus bekannt geworden.

Castor fiber L. Bruchstücke von Unterkiefern sowie einzelne Schneide- und Backzähne des Bibers sind in den Mauerer Sanden öfters aufgefunden.

Noch jüngst konnte ich eine rechte Unterkieferhälfte mit Bezahnung aus der Fundschicht der menschlichen Mandibula der Heidelberger Sammlung einverleiben. Danach schließt sich der Biber von Mauer dem recenten an, nur weisen die Maße der Backzähne des ersteren bedeutend höhere Zahlen auf.

Wie schon in dem vorstehenden Verzeichnis bemerkt, weist die Säugerfauna aus den Sanden von Mauer enge Beziehung zu derjenigen aus den Mosbacher Sanden auf. Beide aber lassen wiederum deutliche Beziehungen zu den präglacialen Forestbeds von Norfolk sowie zu dem südeuropäischen Oberpliocän erkennen. Insbesondere deuten Rhinoceros etruscus Falc. und das von der Form Equus Stenonis Cocchi bis zur Taubacher Form hinüberleitende Pferd von Mauer bestimmt auf das Pliocän hin, während die übrigen Mammalia zum größeren Teil dem ältesten Diluvium angehören. Der Unterkiefer von Mauer dürfte also von den bisher aufgefundenen stratigraphisch beglaubigten menschlichen Resten der älteste sein[X.].

Fußnoten:

[I.] Die Signaturen auf dieser Karte sind mit Hilfe eines Vergrößerungsglases lesbar.

[II.] Nach gütiger Mitteilung von O. BOETTGER eine zweifelhafte Art, auf die keine Schlüsse zu bauen sind.

[III.] Patula solaria Menke, auch aus den diluvialen Kalktuffablagerungen von Cannstatt bei Stuttgart bekannt, fehlt jetzt dem ganzen Neckargebiete. Es ist eine östliche Art, verbreitet in Siebenbürgen, Nordungarn, Galizien, Mähren (ferner relictoid auf dem Zopten und im Moschwitzer Walde in Schlesien), Erzherzogtum Österreich (von hier in die südöstliche Ecke Bayerns übergreifend), Steiermark, Kärnten, Krain, Dalmatien und Lombardei. Die Art lebt am Boden, im Grase, unter Laub und Steinen im Walde.

Helix tenuilabris Braun fehlt dem Neckargebiete, lebt in Sibirien. Man hat bis in die neueste Zeit die in den schwäbischen Juratälern lebende H. adela Westerl. fälschlich für tenuilabris Braun gehalten.

Helix bidens Chemn. gehört Mittel- und Osteuropa an, lebt in sehr feuchten schattigen Orten, besonders gern an Bachrändern, im Erlengebüsch. Sie fehlt dem deutschen Nordwesten, ist aber sonst in Norddeutschland nicht selten, auch in Thüringen nicht; sie geht bis zum Main, im Regnitztal auch über den Main nach Süden über Erlangen hinaus. Aus den bayr. Alpen und dem ganzen Jurazuge ist sie nicht bekannt, findet sich dagegen auf der zwischen beiden Gebirgszügen liegenden bayerischen Hochebene; sie fehlt in Württemberg, Baden und im Elsaß.

Clausilia pumila Ziegl. lebt gern an denselben Orten wie Helix bidens. Ihr Verbreitungsgebiet erstreckt sich CLESSIN zufolge nach Osten bis Siebenbürgen, nach Süden bis Kroatien, nach Norden bis Livland und Schweden; in Deutschland findet sie ihre Westgrenze, die noch nicht genau angegeben werden kann. Sie findet sich noch in Mecklenburg und Holstein, ebenso in Thüringen und geht bis zum Main bei Koburg und Ochsenfurt. Südlich des Mains ist in Deutschland noch kein Fund bekannt geworden, wie sie denn jetzt im Neckargebiete sicher fehlt.

Valvata naticina Menke lebt in schlammigen Stellen ruhigen Wassers der größeren Flüsse. Ihre Verbreitung ist eine östliche: Donau bei Budapest, Südrußland, Moskau, Livland, Ostpreußen, Landsberg a. d. Warthe. Im Neckargebiet fehlt sie jetzt sicher.

Sphaerium rivicola Leach. sp. ? lebt im Neckar, etwa von Marbach an; sie steckt im Sande zwischen den Steinen der Steindämme. Dem Oberlauf der Flüsse, die rasch fallen und viel Geröll führen, fehlt sie, wie die meisten großen und kleinen Bivalven. Sie ist über den größten Teil Europas verbreitet.

Sphaerium solidum Normand. hat nach CLESSIN in Deutschland fast dasselbe Verbreitungsgebiet wie Sph. rivicola; ist D. GEYER aus dem Neckar noch nicht bekannt, dürfte aber auch hier aufzufinden sein.

Pisidium supinum A. Schm. wurde von D. GEYER selbst im Neckar bei Besigheim gesammelt, scheint aber selten zu sein. Nach O. BOETTGER im Main zwischen Frankfurt und Mainz häufig. Da sie schwer aufzufinden ist, so ist ihr Verbreitungsgebiet nur ungenügend bekannt.

[IV.] Anfang des Jahres 1898 bot die Sandgrube im Grafenrain nach SAUER folgendes Profil dar:

| | | |
|---|---|---|
| | 0,5 m jüngerer Löß; | |
| Lößstufe | 2 m Lößlehm; | |
| | 3,5 m Löß und Lößlehm, in Wechsellagerung nach unten zu deutlich geschichtet und sandig werdend | älterer Löß, bzw. Sandlöß. |
| | Durch eine scharfe, nach NW einfallende Erosionsfläche getrennt, welche z. T. noch durch | |

| | |
|---|---|
| | Anhäufung großer Gerölle von Buntsandstein markiert ist, folgen darunter: |
| | a. 0–2,5 m wohlgeschichteter, feiner, lichtgrauer Sand; |
| Altdiluviale | b. 5 m licht-rötlichbrauner, scharfer Sand; |
| Neckaraufschüttungen | c. 2,5 m sandiger, fester Lehm; |
| (Mauerer Sande) | d. 4–6 m gelb bis rotbrauner, scharfer Sand mit Kieslagen, in den oberen Teilen mit zwei etwa 0,5–1 dm starken Streifen eines zähen, blauen Tones. |

[V.] Jüngst wurde noch ein Schädelfragment aufgefunden, dessen Zusammensetzung noch nicht beendet ist.

[VI.] An demselben sind die bereits stark abgekauten Backzähne bis auf P 1 erhalten; Ast und Symphyse fehlen.

[VII.] A. PAGENSTECHER, Frühlings landwirtschaftliche Zeitung, 1878. XXVII, 2. Heft, S. 25, schätzt das Alter dieses Individuums auf Grund der beiden bei dem Fossil gefundenen Backzähne — oberer Molar und unterer Milchmolar — auf höchstens zwei Jahre. Die Zugehörigkeit des letzteren zu dem Schädelfragment ist jedenfalls sehr fraglich, da sonst nichts von dem Unterkiefer vorliegt.

[VIII.] Da sich zu diesen drei Milchmolaren bei Elephas zuweilen ein vorderster rudimentärer gesellt, so nehmen manche Autoren, z. B. M. WEBER, Die Säugetiere, Jena 1904, folgende typische Formel der Backenzähne für Elephas an: D (od. Pd) 4/4 M 3/3

[IX.] Distal-mesialwärts gerechnet.

[X.] Die Umgegend von Heidelberg hat auch zwei Funde aus einem späteren Abschnitte der Diluvialzeit ergeben. Es sind dies 1) das einer völlig intakten Lößwand bei Dossenheim (jüngerer Löß mit Helix hispida, Succinea oblonga und Pupa muscorum) entnommene proximale Ende eines Metacarpalknochens eines kleinen Boviden, welches deutlich einen 4 mm tiefen, transversalen Einschnitt zeigt, wie er nur durch den Menschen hervorgebracht sein kann. Der Schnitt ist, wie mit der Lupe erkennbar, wahrscheinlich durch öfteren Ansatz eines Feuersteinmessers ausgeführt. Dieses Artefakt wurde dem geologisch-paläontologischen Institut der Universität Heidelberg übergeben. 2) wurde in den diluvialen Lehmablagerungen oberhalb Ziegelhausens, in beträchtlicher Tiefe, eine 120 mm lange und 48 mm breite Lanzenspitze aus kieseligem Gestein aufgefunden, die, unten abgestumpft, beiderseitig Einbuchtungen zeigt und an den Rändern gezähnelt ist. In Form und Technik entspricht das Artefakt ganz einer im Solutréen Horizonte der Grotte von Laugerie Haute in der Dordogne gefundenen Lanzenspitze (vgl. ED. PIETTE, Association française pour l'avancement des sciences, 26. Aug. 1875, Taf. XVII, Fig. 7). Diesen Gegenstand führte ich, da damals die prähistorische Abteilung der städtischen Sammlungen in Heidelberg noch nicht bestand, der Staatssammlung in Karlsruhe zu. (Vgl. O. SCHOETENSACK, Über paläolithische Funde in der Gegend von Heidelberg, Ber. d. Oberrhein. geolog. Vereins, 35. Vers. zu Freiburg i. B. 1902.)

Endlich gelang es mir, auch die ersten Spuren einer neolithischen Ansiedelung im Amtsbezirk Heidelberg auf dem Grunde der alten Bergheimer Kirche, festzustellen (Zeitschr. f. Ethnologie 1899, Verh. S. 566–574). Seitdem sind durch die von K. PFAFF ausgeführten städtischen Ausgrabungen zahlreiche neolithische Funde in näherer und weiterer Umgebung der Stadt gemacht. Es konnte dabei eine kontinuierliche Besiedelung dieser Gegend seit der jüngeren Steinzeit bis zur Gegenwart festgestellt werden.

# II. Anthropologischer Teil.

Aus dem vorhergehenden Abschnitte ist die stratigraphische Lagerung des menschlichen Unterkiefers ersichtlich, der 24,10 m unter der Oberfläche in der von Herrn F. RÖSCH abgebauten Sandgrube im Gewann Grafenrain zu Mauer, Amtsbezirk Heidelberg, aufgefunden wurde.

Schon seit langer Zeit habe ich die Aufmerksamkeit auf diese Fundstätte gerichtet. Der Beweis der Coexistenz des Menschen mit Elephas antiquus, der in dem an Wirbeltierresten so reichen Kalktuff von Taubach bei Weimar durch die Untersuchungen von A. PORTIS erbracht war, machte es zur Pflicht, auch in den Mauerer Sanden auf Spuren des Menschen zu fahnden. Allerdings waren die Aussichten auf einen Erfolg in Mauer weit geringer, als in Taubach. Handelt es sich an letzterem Orte doch nach PORTIS[63] um menschliche Niederlassungen am Ufer stehenden Gewässers, auf dessen Boden die aus dem Muschelkalkgebiete kommenden Bäche Kalktuff ablagerten[XI.]. Von diesem wurden die weggeworfenen Gegenstände: abgenagte, oft auch zerschlagene oder mit Brandspuren versehene Knochen, Feuerstein- und Knochenartefakte u. a. m. bedeckt[XII.]. Bei Mauer aber sind es, wie in dem geologisch-paläontologischen Teile ausgeführt wurde, Aufschüttungen eines alten Neckarlaufes, die bald „eine rein sandige, bald schlickartig lehmige oder grobkiesige Beschaffenheit“ aufweisen. Hier kann man von vornherein keine Anzeichen einer regelrechten menschlichen Ansiedelung erwarten. Der Strom, an dessen Ufern der Mensch sich wohl zeitweise aufgehalten haben mochte, mußte bei Hochwasser gründlich derartige Spuren verwischen. Die im Bereiche des Überschwemmungsgebietes liegenden Tierreste wurden dabei wohl eine Strecke fortgeführt, bis sie, vom Sand und Kies bedeckt, dauernd zur Ablagerung gelangten. Weit kann der Transport nicht stattgefunden haben, da die Knochen meist noch deutlich das Oberflächenrelief scharf ausgeprägt zeigen. Stets finden sich nur einzelne Teile des Skelettes der Säugetiere, am häufigsten isolierte Zähne und Fragmente von Unterkiefern, die wegen der starken Schicht kompakten Knochengewebes dem Verwesungsprozeß hartnäckig widerstehen.

Daß uns auch vom Menschen ein Unterkiefer überliefert wurde, ist ein außergewöhnlich glücklicher Zufall. 30 Jahre lang fortgesetzte, bis zu 25 m Tiefe ausgeführte Grabungen waren erforderlich, um dieses für die Urgeschichte des Menschen so wichtige Dokument zutage zu fördern! Seit nahezu zwei Jahrzehnten kontrollierte ich die Grabungen in der Sandgrube im Grafenrain auf Spuren des Menschen. Kohlenreste oder Brandspuren an Säugetierknochen suchte ich vergeblich, die kleinen, größtenteils aus dem Muschelkalk der Umgebung stammenden Hornsteine zeigten keine Spur der

Bearbeitung, spitz zulaufende Knochenfragmente, die ich in der Hoffnung, ihre Bearbeitung feststellen zu können, daheim sorgfältig von der durch kohlensauren Kalk verkitteten Sanddecke befreite, erwiesen sich durchweg als auf natürlichem Wege entstandene Bruchstücke. So blieb denn die einzige Hoffnung, daß sich unter den zahlreichen Säugetierresten auch einmal ein menschlicher zeigen würde. Auf diese Möglichkeit habe ich Herrn J. RÖSCH seit zwei Jahrzehnten beständig hingewiesen, indem ich die Bedeutung eines solchen Fundes in den Mauerer Sanden in stratigraphisch durchaus gesicherter Lage betonte. Ich machte besonders darauf aufmerksam, daß ein derartiger Fund sofort sachgemäß behandelt und auch ohne Verzug alle Einzelheiten der Lagerung und der Fundumstände auf das zuverlässigste festgestellt werden müßten. Herr RÖSCH, bei dem wissenschaftliche Bestrebungen stets ein offenes Ohr und volles Verständnis fanden, ging in liebenswürdigster Weise auf meine Vorschläge ein, indem er versprach, mich von einem etwaigen Funde sofort zu benachrichtigen und mir diesen zur Untersuchung zu überlassen. Am 31. Oktober 1907 fand Herr RÖSCH Gelegenheit, sein Wort einzulösen; am nächsten Tage erreichte mich folgende Nachricht von ihm[XIII.]: „Schon vor 20 Jahren haben Sie sich bemüht, durch Funde in meiner Sandgrube Spuren des Urmenschen zu finden, um den Nachweis zu liefern, daß zu gleicher Zeit mit dem Mammut (Elephas antiquus ist gemeint) auch schon der Mensch in unserer Gegend gelebt hat. Gestern wurde nun dieser Beweis erbracht, indem über 20 m unter der Ackeroberfläche auf der Sohle meiner Sandgrube die untere Kinnlade, sehr gut erhalten, mit sämtlichen Zähnen, von einem Urmenschen stammend, gefunden wurde. Auf der linken Hälfte der Kinnlade werden die Zähne durch ein Conglomerat bedeckt, dagegen ist die rechte Hälfte frei."

Der nächste Zug brachte mich nach Mauer, wo ich „zu einem in der That ganz schröckhaften Vergnügen"[XIV.] die gewordene Kunde vollauf bestätigt fand. Auf Taf. VI, Fig. 11–14 ist das Fundstück, in zwei Hälften getrennt, so wie ich es antraf, wiedergegeben. Die Hälften waren noch vereinigt, als die Schaufel des Arbeiters in der Sandgrube auf den Gegenstand stieß. Erst bei dem Herauswerfen desselben wurde die mediane Verbindung aufgehoben, wobei die Schneidezähne und die Juga alveolaria derselben in Mitleidenschaft gezogen wurden; außerdem ist auf der lateralen Seite der linken Unterkieferhälfte, oberhalb der Basis, ein Stückchen abgesprungen. Dieses war leider nicht mehr beizubringen; dagegen sind sämtliche Teile der Incisivi vorhanden. Wie die Abbildung erkennen läßt, hafteten neben und an den Eck- und Backzähnen des Unterkiefers dicke verfestigte Krusten von ziemlich grobem Sand, ein Charakteristikum der aus den Mauerer Sanden stammenden Fossilien. Die Verkittung ist durch kohlensauren Kalk erfolgt. An der linken Kieferhälfte lag außerdem auf den Prämolaren und den beiden ersten Molaren, fest verbunden mit dem Sande, ein 6 cm langes und etwa 4 cm breites Geröll von Kalkstein, vermutlich Muschelkalk. Dieses Geröll ist, ebenso wie die gesamte Oberfläche des Unterkiefers, durch dendritische Ablagerung von Limonit und wohl auch Manganverbindungen bedeckt, die dem Knochen eine zum Teil ockergelbe, zum Teil schwarzbraune Färbung verleihen. Auch die an der Symphyse zutage tretende spongiöse Substanz zeigt die gleiche Erscheinung, ein Beweis, daß der Unterkiefer in der Medianlinie wohl schon gelockert war.

Die Fundstelle in der Sandgrube fand ich noch ganz unberührt. Der 52 Jahre alte Arbeiter DANIEL HARTMANN bestätigte mir, daß er tags zuvor beim Ausheben des Sandes vermittels einer Schaufel auf den Unterkiefer gestoßen sei, der beim Herauswerfen in zwei Hälften vorgelegen habe. Es waren zur Zeit der Auffindung des Kiefers in der Sandgrube noch ein Arbeiter und ein Knecht, der gerade eine Fuhre Sand holte, zugegen. In Anbetracht der Wichtigkeit des Fundes hielt ich es für geboten, hierüber vom Großh. Notar WEIHRAUCH in Neckargemünd ein von den drei Arbeitern, Herrn J. RÖSCH und von mir unterzeichnetes Protokoll aufnehmen zu lassen, dem Photographien des Fundobjektes (Taf. VI, Fig. 11–14), der Fundstelle (Taf. II, Fig. 4) und der von dem Geometer gefertigte Lageplan (Taf. II, Fig. 3) angeheftet sind. Aus dieser zu den Akten des geologisch-paläontologischen Instituts gegebenen Urkunde, d. d. Neckargemünd 19. November 1907, geht auch hervor, daß Herr J. RÖSCH den Fund, wie ich dankerfüllt hinzufüge, schenkungsweise der Universität Heidelberg überlassen hat.

Die nächste Sorge war nun, die Fundstelle und ihre nächste Umgebung genau daraufhin zu untersuchen, ob nicht noch mehr menschliche Reste aufzufinden seien. Nach den obigen Darlegungen waren die Aussichten hierfür allerdings sehr gering; aber selbst Tierreste, die in der Nähe des menschlichen Unterkiefers lagerten, durften nun ein höheres Interesse beanspruchen. Die Fundschicht selbst, die 0,10 m mächtig in dem geologischen Profil als „Geröllschicht, durch kohlensauren Kalk etwas verkittet, mit ganz dünnen Lagen von Letten, der mit HCl schwach braust", bezeichnet ist, bot nichts Absonderliches. Es hatte eine Anhäufung von kleinen Geröllen hier stattgefunden, unter denen der Unterkiefer bei der Wegschwemmung wohl schließlich liegen blieb. Das bereits beschriebene Kalkgeröll verkittete sich dabei vollkommen mit der vom Sand bedeckten Zahnreihe der linken Unterkieferhälfte. Bei den durch die Arbeiter ohne Unterbrechung Tag für Tag fortgesetzten Sandaushebungen, die sich südlich und nördlich von dem Fundorte ausdehnten, kamen nun, teils in der Fundschicht, teils in den darüber gelagerten Schichten 5–10 des Profils, also bis zur Lettenbank 11, beständig Reste der im geologisch-paläontologischen Teil angeführten Säugetiere zutage. Insbesondere gelang es, vom Elephas antiquus Falc. zwei noch mit den Molaren versehene Unterkieferhälften eines nahezu erwachsenen (Taf. IV, Fig. 6) und das Oberkieferfragment eines ganz jungen Individuums (Taf. V, Fig. 10) als wichtige Belegstücke zu sichern. Näheres hierüber findet sich im geologisch-paläontologischen Teil.

Um den menschlichen Unterkiefer dauernd zu erhalten, erschien es angezeigt, rasch zu einer Präparierung desselben zu schreiten. Die in dem feuchten Sande von Mauer gebetteten Knochen müssen zu diesem Zweck einige Tage der Luft ausgesetzt und dann geraume Zeit in eine Leimlösung gelegt werden. Damit letztere in alle Teile des menschlichen Unterkiefers eindringen konnte, wurden die an der Pars alveolaris haftenden Sandinkrustationen, sowie das der linken Kieferhälfte aufgelagerte Kalkgeröll entfernt. Herr Geh. Hofrat BÜTSCHLI war so freundlich, mich hierbei mit seinem Rate zu unterstützen und den Konservator des zoologischen Institutes, der auch zurzeit den im I. Abschnitt dieser Abhandlung beschriebenen Elephas antiquus-Schädel von Mauer präpariert hatte, für die Ausführung der subtilen Arbeit zur Verfügung zu stellen. Es wurde beschlossen, die durch kohlensauren Kalk verkitteten Sandkrusten teils mechanisch, teils durch Aufträufeln von verdünnter Salzsäure zu entfernen, was bei der rechten Kieferhälfte vortrefflich gelang (vgl. Taf. VII, Fig. 15 u. 16); bei der linken Hälfte dagegen lösten sich mit dem Geröll die Kronen der beiden Prämolaren und der beiden ersten Molaren ab, so daß das Objekt das durch Taf. VII, Fig. 17 u. 18 veranschaulichte Aussehen erhielt. Die Zahnkronen konnten von dem Geröll durch fortgesetzte Betupfung desselben mit verdünnter Salzsäure abgelöst werden; sie sind auf Taf. VIII, Fig. 28–31 in annähernd natürlicher Größe[XV.] wiedergegeben, und zwar sowohl von der oberen, als auch von der unteren, der Pulpahöhle zugewendeten Seite. Leider passen sie nicht mehr vollständig auf den Hals der betreffenden Zähne, da winzige Splitter des Schmelzes an dem unteren Teile der Kronen abgesprungen sind. Offenbar wurde der Zusammenhang der Kronen mit den Wurzeln an dem Halse der betreffenden Zähne durch das darauf lagernde relativ schwere Geröllstück schon gelockert, als der Unterkiefer mit der Schaufel herausgeworfen wurde; sonst hätten sich bei der Präparierung die Kronen von den Wurzeln schwerlich getrennt. Wie ich übrigens noch zeigen werde, ergab die also ermöglichte Untersuchung der Pulpahöhlen der abgebrochenen Zähne bemerkenswerte Resultate, die sich sonst nicht hätten gewinnen lassen.

Gehen wir nun zur **Beschreibung des Unterkiefers** über, so drängt sich die Eigenart unseres Objektes auf den ersten Blick auf. Es zeigt eine Kombination von Merkmalen, wie sie bisher weder an einer recenten noch fossilen menschlichen Mandibula angetroffen worden ist. Selbst dem Fachmanne wäre es nicht zu verargen, wenn er sie nur zögernd als menschliche anerkennen würde: Fehlt ihr doch dasjenige Merkmal gänzlich, welches als specifisch menschlich gilt, nämlich ein äußerer Vorsprung der

Kinnregion, und findet sich doch dieser Mangel vereinigt mit äußerst befremdenden Dimensionen des Unterkieferkörpers und der Äste.

Angenommen, nur ein Fragment wäre gefunden ohne Zähne, so würde es nicht möglich sein, dieses als menschlich zu diagnostizieren. Mit gutem Grunde würde man bei einem Teil der Symphysenregion die Zugehörigkeit zu einem Anthropoiden, etwa von gorilloidem Habitus, vermuten und bei einem Bruchstücke des Ramus ascendens an eine große Gibbon-Varietät denken.

Der absolut sichere Beweis dafür, daß wir es mit einem menschlichen Teile zu tun haben, liegt lediglich in der Beschaffenheit des Gebisses. Die vollzählig erhaltenen Zähne tragen den Stempel „Mensch" zur Evidenz: Die Canini zeigen keine Spur einer stärkeren Ausprägung den anderen Zahngruppen gegenüber. Diesen ist insgesamt die gemäßigte und harmonische Ausbildung eigen, wie sie die recente Menschheit besitzt.

Auch in ihren Dimensionen treten die **Zähne** der Heidelberger Mandibula nicht aus der Variationsbreite des recenten Menschen heraus. Allerdings sind ihre Maße relativ groß, wenn man moderne europäische Objekte zur Vergleichung heranzieht. Sowie man aber letztere auf jetzige niedere Rassen ausdehnt, verschwindet die Differenz. In den Einzelmaßen werden vielmehr die Zähne — nicht aber der Kiefer — des Homo Heidelbergensis von manchen der jetzigen Australier übertroffen.

Ein gewisses Mißverhältnis zwischen dem Kiefer und den Zähnen ist bei der fossilen Mandibula unverkennbar: Die Zähne sind zu klein für den Knochen. Der vorhandene Raum würde ihnen eine ganz andere Entfaltung gestatten. Am auffälligsten tritt dies beim dritten Molaren hervor, der hinter den beiden anderen beträchtlich zurückbleibt, obwohl gerade an dieser Stelle die Breite des Corpus mandibulae ein derartiges Maß erreicht (23,5 mm), wie es bisher noch an keinem menschlichen Objekte gefunden wurde, und obgleich die postmolare Grube am vorderen Abhange des Ramus genügend Raum für einen vierten Molaren darbot. Ob die relative Kleinheit des dritten Molaren unserer Mandibula mit der Reduktionstendenz dieses Zahnes beim modernen Europäer in Beziehung gebracht werden kann, soll hier unerörtert bleiben.

Sämtliche Zähne sind so weit abgekaut, daß die Dentinmasse zutage tritt. Dadurch, daß auf der linken Seite die Kronen der Prämolaren sowie des ersten und zweiten Molaren an dem darauf liegenden Gesteinsstücke haften geblieben sind, wurde ein Einblick in die Struktur der Kronen ermöglicht, der in willkommener Weise die Ergebnisse der Röntgendurchstrahlung ergänzt.

Bei der großen Bedeutung, welche jeglicher Einzelheit des Tatbestandes in vorliegendem Falle zukommt, erscheint es angezeigt, eine gleichsam protokollarische Übersicht über jeden Zahn zu geben und durch tabellarische Aufstellung der Maße die Vergleichung mit anderen Objekten vorzunehmen.

Unter Hinweis auf diese im Anhang gegebene Zusammenstellung sollen zunächst nur diejenigen Punkte hervorgehoben werden, welche mit Rücksicht auf die Zähne einen Beitrag zu der Frage nach der Stellung unseres Unterkiefers zu verwandten Bildungen liefern können.

Was zunächst die Höckerbildung der Molaren anbelangt, so läßt sich die ursprüngliche Fünfzahl mit Ausnahme des dritten linken bei allen Molaren der Heidelberger Mandibula nachweisen. Diesem Zustande nähern sich von den recenten Menschen, wie die Untersuchungen von M. DE TERRA[90] zeigen (vgl. Anhang III), am meisten die Australier. Von den europäischen Fossilfunden gestattet nur der von Krapina eine Vergleichung, da in anderen Fällen (Spy, Ochos) die Abkauung zu weit vorgeschritten ist. Wie aus GORJANOVIĆ-KRAMBERGERS Zusammenstellung hervorgeht, zeigt der Mensch von Krapina eine stärkere Tendenz zum Übergang in den Vierhöckertypus, als unser Fossil.

Für die Beurteilung der Beziehung der Molaren des Homo Heidelbergensis zu denen der heutigen Menschheit ist der Einblick in das Innere der Kronen des ersteren wertvoll. Wie die Maßangaben des Querschnittes der Pulpahöhle beim modernen Europäer ergeben, die mir von Hr. cand. med. K. TRUEB aus seiner demnächst erscheinenden Inauguraldissertation freundlichst zur Verfügung gestellt wurden (vgl. Anhang IV), ist das Cavum pulpae der Molaren der Mandibula von Mauer von ungewöhnlicher Größe: Es hat beim ersten Molaren einen linguobuccalen Durchmesser von 4,8 und einen mesiodistalen von 4,3 mm. Beim recenten Europäer sind die höchsten Zahlen für M 1 inf. im Alter vom 6.–9. Jahre mit 4,087 und vom 11.–14. Jahre mit 4,125 (im Mittel) zu finden; die höchste von TRUEB festgestellte Zahl ist 4,8 bei einem Mädchen von 9 Jahren und die niedrigste 3,5 bei einem 14jährigen Knaben.

Bei dem zweiten Molaren unseres Fossils steigert sich die Differenz noch beträchtlich, da hier der linguobuccale Durchmesser 5,7 mm und der mesiodistale 6,3 mm beträgt, der bei den von TRUEB gemessenen Zähnen in einzelnen Fällen nur bis 4,8 mm aufsteigt, im Mittel aber in allen Lebensaltern beträchtlich hinter Mauer M 2 zurücksteht[XVI.]. — Dagegen verhält sich die Dicke der die Pulpahöhle umgebenden Dentinwand inkl. Zement, wie die Tabelle zeigt, bei den Zähnen des Heidelberger Fossils ähnlich wie bei denjenigen des recenten Europäers.

Es liegt auf der Hand, daß wir es bei dem Homo Heidelbergensis mit der Fortführung eines Merkmales zu tun haben, das heute für den Jugendzustand von Europäern typisch ist. Damit soll nicht eine sekundäre Ausprägung eines infantilen Charakters behauptet werden, sondern die Persistenz eines sehr primitiven Charakters überhaupt, wie er in der Stammesgeschichte des Primatengebisses als notwendiges Durchgangsstadium angenommen werden muß. Bei diesem Fortbildungsprozeß erhielt eben die relativ dünne Wandung eine den Höckerbildungen entsprechende Faltung und Biegung.

Das oben schon betonte Mißverhältnis kommt hier wieder zum Ausdruck: Die Massivität des Knochens ließ entsprechend kräftige Wandungen der Pulpahöhle erwarten als Anpassung an eine gewaltige Kraftleistung. Das Gegenteil ist der Fall und läßt nur den Schluß zu, daß an die Zähne keine großen Ansprüche gestellt worden sind und demnach die kräftige Entfaltung des Kiefers nicht im Dienste der Zähne zustande gekommen ist. Ein derartiger kindlicher Charakter bei einer fossilen Form schließt jeden Gedanken an eine Spezialisierung der Vorfahrenform nach anderer Richtung aus. Kein Anthropoidenstadium kann hier vorangegangen sein. Wir haben es hier vielmehr mit einem uralten gemeinsamen Urzustand zu tun, wie er auch dem der Anthropoiden vorangegangen sein muß.

Die Untersuchung der anderen Zahngruppen führt vollkommen zu demselben Ergebnis. An den Prämolaren findet sich in gleicher Weise, wie an den Molaren die Weite der Pulpahöhle. Der linguobuccale Durchmesser derselben am ersten Prämolaren des Homo Heidelbergensis (3,5 mm) wird von keinem der daraufhin untersuchten Europäerzähne erreicht. Die zwischen dem vorderen und hinteren Prämolaren bestehende Verschiedenheit in der Ausbildung des Reliefs, stärkerer Prominenz des lingualen Höckers bei P 2, fällt durchaus in die Variationsbreite des recenten Menschen. Dem P 1 fehlt jede Spur einer Anpassung an den oberen Caninus, wie sie zu erwarten wäre, wenn in der Vorfahrenreihe eine den Anthropoiden ähnliche Ausprägung der Canini bestanden hätte.

Dieser negative Befund bei dem ältesten bisher bekannt gewordenen menschlichen Unterkiefer und die Übereinstimmung desselben mit den anderen fossilen Unterkiefern in den zwar beträchtlichen, aber keineswegs exzeptionellen Dimensionen der Incisivi und Canini, wobei letztere keine an Affen erinnernde Prominenz besitzen, stehen in vollem Einklang mit den von KLAATSCH vertretenen und sich mehr und mehr Bahn brechenden Anschauungen über die Beziehungen des Menschen zu den Anthropoiden. Wäre z. B. ein dem Gorilla ähnlicher Vorfahrenzustand anzunehmen bezüglich derjenigen Merkmale, durch welche Mensch und Menschenaffe sich unterscheiden, so müßte, je weiter geologisch zurückliegend, um so mehr eine Hinneigung zur Anthropoidenbahn sich kundgeben. Daß dies im Falle der Heidelberger Mandibula sich ebensowenig bewahrheitet, als es für die niederen Menschenrassen gilt, ist eine vortreffliche Bestätigung der von vorgenanntem Forscher aufgestellten Abstammungslehre des Menschengeschlechts.

Wenden wir uns nun der Betrachtung des Unterkieferbogens der Heidelberger Mandibula zu, so fällt an der äußeren Fläche des **Corpus mandibulae** sogleich das Fehlen einer Kinnvorragung auf (Taf. VIII, Fig. 19 und 20). Die völlig intakte rechte Kieferhälfte läßt darüber keinen Zweifel. Bei horizontaler Stellung des Alveolarrandes verläuft die Profillinie der Symphysenregion in sanfter Wölbung abwärts und nach hinten. An der Rundung, die das ganze Gebiet beherrscht, nehmen sogar die Incisiven teil, wie dies die laterale Ansicht der Mandibula (Fig. 19) und der Querschnitt in der Medianlinie (Fig. 20) erkennen lassen. Die teilweise freigelegten Wurzeln zeigen die Gleichartigkeit ihrer Krümmung mit der darunter befindlichen, nach vorn konvexen Fläche gerade an der Stelle, wo sich beim Europäer eine nach vorn konkave Linie bildet (Fig. 21).

Der Basalrand der Symphyse zeigt eine auffällige Erscheinung. Legt man die Mandibula auf eine horizontale Unterlage und betrachtet sie von vorn, so erkennt man, daß nur die seitlichen Partien des Corpus aufliegen, während die mediane Region in einer transversalen Ausdehnung von 50 mm frei emporragt. Man hat den Eindruck, als sei hier ein Stück herausgeschnitten. Die Ausdehnung dieser morphologisch wichtigen Bildung, welche von KLAATSCH auch an Australierkiefern beobachtet und von ihm Incisura submentalis[XVII.] bezeichnet wurde, verrät einen Zusammenhang mit der Ausdehnung der Insertion des Musculus digastricus, insofern beide die gleiche laterale Begrenzung zeigen. An dieser Stelle befindet sich an der Außenfläche dicht über dem freien Rande ein kleines Höckerchen, das bereits von GORJANOVIĆ-KRAMBERGER am Kieferfragment Krapina H als Tuberculum beschrieben und von KLAATSCH auch an Australiern beobachtet worden ist. Fast genau darüber liegen die Foramina mentalia; in weiterer Verlängerung aufwärts erreicht die von dem Tuberculum aus gezogene Linie den Alveolarrand zwischen den Prämolaren und Molaren.

Die Foramina mentalia zeigen eine beachtenswerte Komplikation durch das Vorhandensein von Nebenlöchern. Das linke Foramen ist vom Alveolarrande 14,6 mm und vom Basalrande 13,5 mm entfernt. Seine mesiodistale Ausdehnung beträgt 6,7 mm, sein vertikaler Durchmesser 4,7 mm; 2,7 mm über demselben, mehr im Bereiche von P 2 gelegen, befindet sich ein zweites kleineres Loch (Taf. VII, Fig. 18). Das rechte Foramen, 5,4 mm lang und 3,5 mm hoch, liegt 15,7 mm vom Alveolar- und 14,5 mm vom Basalrande entfernt. Es zeigt zwei Nebenlöcher, von denen das eine in der Größe eines Stecknadelkopfes 4,5 mm höher, mehr unter P 2 gelegen ist, während das andere[XVIII.] sich 4,2 mm niedriger und mehr nach M 1 hin befindet (Taf. VIII, Fig. 19).

Zwischen den Foramina mentalia und dem Basalrande, letzterem parallel gerichtet, zieht sich eine Furche hin, welche sich nach hinten bis über den zweiten Molaren hinaus, nach vorn bis über die Mitte der Insertion des Digastricus verfolgen läßt (Taf. VII, Fig. 15). Man hat den Eindruck, als sei der Kieferrand aufgewulstet worden. Diese Bildung wurde von KLAATSCH auch an Australierkiefern, in stark variierender Ausdehnung distalwärts, festgestellt und von ihm als „Sulcus supramarginalis oder mentalis" bezeichnet.

Der Basalrand ist im Bereiche der Molaren von beträchtlicher Dicke (über 10 mm unter M 2). Seine Profillinie beschreibt eine ganz schwach nach abwärts konvexe Linie. Auf der Grenze zwischen Corpus und Ramus geht diese Linie in eine konkave Krümmung über; zugleich verjüngt sich der Basalrand beträchtlich in transversaler Richtung. Folgt man ihm mesialwärts, so gelangt man zur Ansatzgrube des Biventer, der Fossa digastrica, welche links 22, rechts bis zu 26 mm lang und in maximo 7,5 mm breit ist. Die Grube, deren Fläche bei horizontaler Stellung des Alveolarrandes im medialen Teile fast genau abwärts, nur ein wenig lingualwärts, schaut, folgt in ihrem leicht gebogenen Verlaufe der Krümmung des Corpus mandibulae im Bereiche der oben beschriebenen Incisur. Letztere wird durch einen kleinen Vorsprung, der sich zwischen den beiderseitigen Fossae digastricae befindet, in eine linke und rechte Hälfte geschieden. Diese den tiefsten Teil der Symphyse bildende „Spina interdigastrica" (KLAATSCH) ist auf Taf. X, Fig. 41 und 42 sichtbar.

Geht man von ihr auf die Innenfläche der Symphyse über (vgl. die Bruchfläche Taf. VIII, Fig. 20 und Taf. XIII, Fig. 48), so erscheint die im oberen Teile 17 mm erreichende Dicke vom Befunde beim recenten Menschen ebenso abweichend, wie die Rundung der lingualen Fläche. Von der Innenseite der Incisivi senkt sich die mediale Fläche schräg abwärts. Ihre im ganzen konvexe Beschaffenheit wird durch eine ganz minimale, nur bei genauer Betrachtung zu bemerkende Einsenkung unterbrochen, die sich hinter den Incisivi befindet; links ist sie etwas deutlicher als rechts. Im Bereiche der Prämolaren und von M 1 und 2 besteht eine gleichmäßige Rundung der inneren Fläche. Indem in der Nähe des Basalrandes sich Vertiefungen einstellen, gewinnt der darüber gelegene Teil das Aussehen eines Wulstes, in welchem die von WALKHOFF als „Lingualwulst" bezeichnete Bildung erkannt wird. In der Medianebene findet sie ihre untere Begrenzung durch eine queroval ausgezogene Grube. Hier ist die Ansatzstelle des Musculus genioglossus. Die Anheftung geschieht in den seitlichen Partien dieser „Fossa genioglossi"[48].

Zwischen den paarigen, leicht angedeuteten Muskelfeldern und ein wenig darüber wird eine einem kleinen Blutgefäßkanale entsprechende Öffnung angetroffen. Ein ähnlicher Kanal befindet sich über der Spina interdigastrica.

Zwischen ihm und der Fossa genioglossi bildet die innere Symphysenfläche einen rundlichen Höcker mit schwacher Andeutung bilateraler Gliederung. Hier hat der Musculus geniohyoideus seinen Ursprung.

Eine Spina mentalis interna im Sinne der für den Europäer geltenden Terminologie ist an der Mandibula des Homo Heidelbergensis nicht vorhanden; denn gerade die Ansatzstelle des Genioglossus ist es, welche sensu stricto als Spina mentalis gilt. Gegen diese tritt beim Europäer die Insertion des Geniohyoideus ganz zurück. Da sich nun beim Homo Heidelbergensis lediglich im Bereiche gerade dieses Muskels eine Erhebung findet, so empfiehlt es sich, auf diese den von KLAATSCH für die entsprechende Bildung bei niederen recenten Menschenrassen eingeführten Ausdruck „Spina geniohyoidei“ anzuwenden.

Von dieser Stelle distalwärts findet sich auf der Innenfläche des Corpus der Heidelberger Mandibula die Fossa sublingualis, eine elliptische, in der Richtung des Alveolarrandes gestreckte Grube von mehr als 20 mm Länge und etwas weniger als 10 mm Breite. Sie reicht von der Gegend des P 2 bis zur Grenze zwischen M 2 und 3; ihre weite Ausdehnung besonders nach hinten fällt im Vergleich mit dem recenten Europäer auf. Ein unbedeutender flacher Wulst trennt die für die Glandula sublingualis bestimmte Grube von der Fossa Gland. submaxillaris, die weit auf den Unterkieferast hinaufreicht.

Zwischen beiden Gruben sind Andeutungen der Insertion des Musculus mylohyoideus zu erwarten, aber abweichend von der Regel beim recenten Europäer ist die Linea mylohyoidea lediglich bis zum vorderen Rande des dritten Molaren rechts und etwa bis zur Mitte des zweiten Molaren links zu verfolgen. Sie verstreicht auf dem Wulst zwischen den Gruben; eine Muskelrauhigkeit bis zur Symphysenregion ist nicht nachweisbar.

Bezüglich der Höhe und Dicke des Corpus mandibulae sei auf die nachstehenden Maximalmaße[XIX.] verwiesen:

| | Distal von M 3 | zwischen M 3 u. M 2 | unter M 2 | zwischen M 2 u. M 1 | zwischen M 1 und P 2 | zwischen P 2 und P 1 | zwischen P 1 u. C | zwischen C u. J 2 | zwischen den mittleren Incisiven |
|---|---|---|---|---|---|---|---|---|---|
| Höhe am freien Rande gemessen | 29,9 | 30,6 | 31,8 | 34,3 | 33,0 | 31,4 | 31,3 | 33,3 | etwa 33,5 mm |
| | | | | | | | | | |
| Höhe am freien Rande gemessen | 23,5 | 21,4 | 20,0 | 18,5 | 19,4 | 19,2 | 19,1 | 19,3 | etwa 17,5 mm |

Die außerordentlichen Werte, die sich hieraus für die massive Beschaffenheit des Corpus ergeben, finden in der Region des letzten Molaren eine Steigerung, die für ein menschliches Gebilde äußerst fremdartig erscheint. Die größte Distanz ist hier gegeben durch den Abstand der Linea obliqua außen von der Crista buccinatoria innen. Erstere ist stumpf und gerundet. Sie geht in sanfter, nach vorn konkaver Biegung aus dem vorderen Rande des Ramus hervor und endet bereits am dritten Molaren. Die Crista buccinatoria erscheint hinter M 3 als eine scharfe Leiste, welche in flachem, nach vorn konkavem Bogen auf der mesialen Seite des dritten Molaren sich mit dem Alveolarrande vereinigt. Die dachförmig die Fossa submaxillaris überlagernde Linea mylohyoidea erscheint wie eine Abzweigung der Crista buccinatoria. Der beträchtliche Raum zwischen dieser und der Linea obliqua wird von zwei verschiedenen Gebilden eingenommen, einem labialen und einem buccalen. Wie eine Fortsetzung des Alveolarrandes nach hinten stellt ersteres sich als ein rauhes Feld von spitzwinkeliger Dreiecksform ein. Es ist das von KLAATSCH auch an Australierkiefern beobachtete „Trigonum postmolare“ und stellt das Gebiet des vierten Molaren dar, der bei dem Homo Heidelbergensis vollständig Platz zu seiner Entfaltung gehabt hätte. Das Trigonum erstreckt sich, der Crista buccinatoria entsprechend, bogenförmig aufwärts bis zum Niveau des Foramen mandibulare. Die flache Grube buccalwärts hiervon ist die von KLAATSCH als Fossa praecoronoidea bezeichnete Bildung. Sie beginnt auf der Innenfläche des Ramus am obersten Ende des Processus coronoideus in sagittaler Richtung, aus welcher sie, buccal von M 3 in horizontalen Verlauf übergehend, im Bereich des zweiten Molaren auf der Außenfläche des Corpus verstreicht.

---

Die **Rami mandibulae** (Taf. VIII, Fig. 19) zeichnen sich durch ihre beträchtliche Breite aus, die an den oberen Enden der Fortsätze bis zu 60 mm beträgt, während sie bei zwölf Unterkiefern des recenten Europäers aus dem Heidelberger anatomischen Institut im Mittel nur 37,4 mm aufweist. Die Höhe des Astes vom Condylus coronoideus bis zur Basis beträgt 66,3 mm. Dieses Maß liegt in der Variationsbreite des recenten Europäers. Die Äste steigen von dem hinteren Rande des Körpers auffallend steil in die Höhe; der Winkel, welchen der hintere Rand derselben mit dem unteren Rande des Corpus bildet, beträgt 107°. — Für den Ansatz der Musc. temporalis und masseter bot sich bei der gewaltigen Breite des Proc. coronoideus und des Angulus eine sehr ausgedehnte Fläche dar.

Sehr auffällig ist im Gegensatz zu der Mandibula des recenten Europäers die nur als eine schwache Einbuchtung erscheinende Incisura semilunaris. In einer Entfernung von 16 mm unterhalb dieser beginnt das lang gespaltene, am Eingang bis zu 6,5 mm weite Foramen mandibulare. Von der plumpen und breiten Lingula ist beiderseits die Zacke etwas abgebrochen; auf der rechten Kieferhälfte scheint der Bruch alt, auf der linken neu zu sein.

Der Sulcus mylohyoideus ist sehr schmal und tief. Der Verlauf des den Unterkörper durchsetzenden Canalis mandibulae ist auf dem Röntgenbilde Taf. IX, Fig. 32 und 36 gut zu verfolgen.

Die Form des Processus coronoideus ist von derjenigen des recenten Europäers sehr abweichend. Der Fortsatz endet stumpf, die Ränder sind abgerundet. Eine Muskelinsertionsgrube, die beim recenten Europäer nicht selten hinter und unter der Spitze vorkommt, ist nur schwach angedeutet.

Der Processus condyloideus ist vor allem bemerkenswert durch die ganz ungewöhnliche Größe der Gelenkfläche, welche in der Entfaltung des rechts 13 und links 16 mm betragenden Durchmessers zum Ausdruck kommt, während der transversale (22,8 mm) in die Variationsbreite des recenten Europäers fällt. Die Stellung der Condylen ist aus Taf. X, Fig. 41 ersichtlich. Die Fossa pterygoidea (Insertion des Musc. pterygoid. extern.) ersetzt durch Ausdehnung und Rauhigkeit, was ihr an Tiefe abgeht.

Die hintere Kante des Processus condyloideus verjüngt sich nach abwärts konisch, wobei die Außen- und Innenfläche in transversaler Richtung leicht konkav, in sagittaler schwach gewölbt sind. Etwa 30 mm unter dem obersten Ende des Processus beginnen die vom Musculus pterygoideus internus herrührenden Zackenbildungen (Taf. VII, Fig. 17). Von hier an gestaltet sich der Umriß des distalen Kieferrandes zu einer gleichmäßig gerundeten, nahezu den Teil eines Kreises darstellenden Linie, so daß ein Angulus nicht irgendwie scharf markiert ist (Taf. VIII, Fig. 19). Soweit die Muskelinsertion reicht, erscheint die etwa 4 mm dicke Knochenplatte des Ramus wie komprimiert. Unmittelbar vor der vordersten Zacke des Musc. pteryg. intern. zeigt sich jene sanfte Aushöhlung des unteren Randes, die auch beim recenten Europäer sich findet. In ihrem Bereiche verbreitet sich der Basalrand zu dem oben dargestellten Verhalten. Die Insertionsfläche des Pterygoideus internus ist ausgedehnt infolge der rundlichen Ausbuchtung der ganzen Angulusregion. Ihre Rauhigkeiten sind nur schwach entwickelt. Von den nach innen vorspringenden knopfförmigen Zacken des Pterygoideus internus gehen kleine Cristen aus. Die, wie oben schon festgestellt, sehr bedeutende Insertionsfläche des Masseter ist nur wenig durch Reliefbildung ausgezeichnet.

Um das deskriptive Gesamtbild der Mandibula des Homo Heidelbergensis zu vervollständigen und um die nötige Grundlage für die **Vergleichung** dieses Objektes **mit anderen Unterkiefern** zu gewinnen, sind die von KLAATSCH[48] in seinem Frankfurter Vortrage angegebenen Methoden angewendet. Bei den hiernach gefertigten Projektionszeichnungen und diagraphischen Kurven ist der Alveolarrand im

Bereiche der Incisiven und des letzten Molaren als Horizontale angenommen. Alles Weitere besagt die in Fig. 43, Taf. XI wiedergegebene Profilprojektion, in welcher die Meßlinien und Winkel nach KLAATSCHS Nomenklatur angegeben sind.

Stellt man z. B. wie in Fig. 44 die Mandibula eines **recenten Europäers** gemeinsam mit unserem Fossil auf die die Hinterfläche des dritten Molaren tangierende Postmolarvertikale ein, so treten die Unterschiede zwischen beiden Objekten sehr deutlich hervor: Während die Alveolarhorizontale und die Basaltangente beim vorliegenden Europäerunterkiefer nahezu parallel laufen, bilden sie beim Homo Heidelbergensis einen nach vorn offenen spitzen Winkel von 11°. Seine Größe ist zu berechnen aus dem Winkel, den die Basaltangente mit der Symphysenvertikale bildet. Dieser beträgt 79°.

Der Ramus des recenten Europäers bleibt fast in allen Dimensionen innerhalb der Ausdehnung des fossilen; nur der Processus coronoideus des ersteren ragt ein wenig hervor, überschreitet jedoch nicht die Condylocoronoidtangente des Fossils. Während diese Linie bei dem Homo Heidelbergensis nach vorn absinkt, steigt sie beim recenten Europäer stark nach vorn an. Der Condylus erscheint bei letzterem abgesunken. Auch die Öffnung des Mandibularkanals liegt beim recenten Europäer viel tiefer. Man kann sich vorstellen, daß bei diesem die schräge Stellung des Ramus durch teilweisen Wegfall des distalen Teiles hervorgerufen ist. Diese Vorstellung einer Reduktion drängt sich auch bei der Betrachtung der Kinnregion des recenten Europäers auf. Die Zahnreihe erscheint verkürzt, und das Kinn erscheint wie ausgeschnitten, so daß die Kinnprominenz nur wenig die Incisionvertikale[XX.] unseres Fossils nach vorn überragt.

Wenn es nach dieser Vergleichung möglich erscheint, daß der Homo Heidelbergensis der Vorfahrenreihe des europäischen Menschen angehört, so werden wir sofort an weitere Punkte erinnert, in denen sich Parallelen zwischen dem ontogenetischen Prozeß der Kieferbildung des recenten Europäers und des Homo Heidelbergensis ergeben. Die allmähliche Ausbildung der Kinnprominenz in der individuellen Entwicklung verlangt als stammesgeschichtliche Ausgangsform eine zurückweichende vordere Symphysenfläche. Die Spina mentalis interna entwickelt sich erst im Kindesalter. Lange Zeit hindurch bewahrt sich der jugendliche Europäerkiefer einen viel voluminöseren Condylus, als wie beim Erwachsenen.

Diese gemeinsamen niederen Merkmale machen es notwendig, nachzuforschen, welche verwandtschaftliche Stellung die Mandibula des Homo Heidelbergensis zu den Unterkiefern der übrigen nicht europäischen Menschenrassen und der Anthropoiden einnimmt. Es sollen daher einige Beispiele herausgegriffen und zum Schluß auch die anderen bisher bekannt gewordenen Fossilreste des Menschen in den Kreis der Betrachtungen gezogen werden.

Nach den in Fig. 44, Taf. XI wiedergegebenen Profildiagrammen nimmt die Mandibula des Homo Heidelbergensis nicht nur zu dem Unterkiefer des Europäers, sondern auch zu demjenigen des **afrikanischen Negers** eine vermittelnde Stellung ein. Es ist bei letzterem eine Zunahme des Corpus in der Symphysenhöhe eingetreten. Die zurückweichende Symphysenregion ist beibehalten, und die Umbildung zum „negativen Kinn" ist erfolgt. Der Ramus hat sich verschmälert und verlängert, wobei eine Vertiefung der Incisur stattfand.

Fig. 45, Taf. XII zeigt Profildiagramme des Unterkiefers des Homo Heidelbergensis, eines Australiers (Melville Island, K. 80)[XXI.] und eines Dajak (B. N. C. 104). Im Vergleich zu dem Heidelberger Fossil ist bei dem **Australier** eine Verschmälerung des Ramus eingetreten, unter Beibehaltung der nach vorn absteigenden Condylocoronoidtangente; ferner hat sich bei letzterem ein „negatives Kinn" schwach ausgebildet. Der Unterkiefer des **Dajak** bleibt in der Breite des Ramus unserem Fossil näher. In der Umbildung der Symphyse bietet er eine Parallele zu der Mandibula Spy I dar.

Von den in Fig. 46, Taf. XII dargestellten Profilprojektionen wollen wir zunächst die Mandibula eines weiblichen **Gorilla** ins Auge fassen, die nicht so stark einseitig modifizierte Formenverhältnisse wie bei dem männlichen aufweist. Denkt man sich unser Fossil nahezu um die Hälfte der Länge des Alveolarteils nach vorn verlängert unter entsprechender Zunahme des mesiodistalen Durchmessers der Molaren und Prämolaren und kombiniert damit eine Verschmälerung des ganzen Kiefers, so entsteht die Gorillamandibula. Der Ramus nimmt dabei an Höhe bedeutend zu, und der Processus coronoideus erhebt sich etwas über den Condylus. Die breite Furche, welche sich buccal vom Trigonum postmolare nach oben erstreckt und von dem vorderen Rande des Ramus nach außen begrenzt wird, folgt der Verschiebung nicht, sondern endet in halber Höhe des Ramus. Die vergrößerten Molaren drängen nach hinten so stark vor, daß sie die Crista buccinatoria eine Strecke weit okkupieren. Der Vorderrand des Processus coronoideus, bzw. der Anfangsteil der Linea obliqua, läßt beim Gorilla die nach vorn konkave leichte Aushöhlung vermissen, die bei dem Homo Heidelbergensis vorhanden und auch beim recenten Menschen meist anzutreffen ist. Der Ramus des Gorilla bekommt dadurch nach vorn eine mehr gerade und schärfere Kante, als sie unser Fossil aufweist. Im oberen Teile hingegen behält der Processus coronoideus des Gorilla unserem Diagramme zufolge eine dem Fossil verwandte Form, jedoch mit vertiefter Incisura semilunaris. Bei der im Besitz des Heidelberger anatomischen Instituts befindlichen Mandibula eines weiblichen Gorilla nähert sich aber der Proc. coronoid. mehr demjenigen des recenten Europäers. In den

Breiteverhältnissen übertrifft die in unserem Diagramm dargestellte Gorillamandibula nicht diejenige des Fossils.

Die Condylen des Gorillakiefers bewahren sich die bedeutende Entfaltung und die transversale Stellung der Achsen. Die subcondyloide Aushöhlung des Hinterrandes ist stärker, und die Insertionsplatte der Muskeln setzt sich schärfer ab als bei dem Homo Heidelbergensis; umgekehrt verhält es sich am Basalrande, wo die Incisura praemuscularis beim Gorilla relativ schwach entwickelt ist. Trotzdem die Fossa praecoronoidea beim Gorilla lingualbuccal sehr weit ausgedehnt ist, bleibt die postmolare Breite bei dem im Diagramm wiedergegebenen Exemplare (21 mm) hinter derjenigen des Heidelberger Fossils zurück. Eine Übereinstimmung zwischen beiden besteht dagegen in der hohen Lage des Foramen mandibulare sowie in der geringen Ausprägung der Linea mylohyoidea, die sich beim Gorilla auch nur bis zum zweiten Molaren verfolgen läßt.

Auch die Symphysenregion zeigt bei beiden eine ähnliche Rundung. Der Mandibula des Gorilla fehlt aber die Incisura submentalis. Ihr Raum erscheint ausgefüllt durch eine Verlängerung der unmittelbar vor der Biventerinsertion gelegenen Knochenmasse. Die rudimentäre Beschaffenheit des Musculus digastricus läßt die Umwandlung erkennen, die sich in der Vorfahrenreihe des Gorilla abgespielt haben muß. Es muß bei ihm als Ausgangspunkt ein ähnliches Stadium angenommen werden, wie wir es bei dem Heidelberger Fossil antreffen. Die Fossa genioglossi vertiefte sich, und die erwähnte, teils der Spina genioglossi, teils dem vorderen Rande der Digastricusinsertion angehörige Knochenplatte füllte den Raum zwischen den beiden Hälften des Corpus eine Strecke weit aus. Hierbei wurde der nur noch schwache Digastricus ganz auf den Basalrand gedrängt. Die flache Excavation hinter den Incisivi dehnte sich aus und verkleinerte den Lingualwulst. In allen diesen Punkten läßt sich nichts dagegen anführen, daß der Gorilla den sekundären, der Homo Heidelbergensis den primären Zustand repräsentiert. Der gemeinsame Ausgangszustand war dem letzteren offenbar viel näher. Die Zunahme des Eckzahnes in der Anthropoidenreihe ist der Faktor, der den von der Bahn des Menschen entfernenden Schritt verschuldete.

Man kann daher auf den **Orang** (Fig. 46, Taf. XII) nahezu die gleichen Betrachtungen anwenden wie auf den Gorilla. Noch primitiver bleibt ersterer in der mäßigen Beschaffenheit der Condylen, der geringeren Vertiefung der Incisura semilunaris und in dem relativ breiten Ramus. Hingegen bedingt der völlige Schwund des Biventer beim Orang noch stärkere, aber ganz in der Richtung wie beim Gorilla verlaufende Umformungen der Symphysenregion.

Vom Schimpansen stand zum Vergleich geeignetes Material leider nicht zur Verfügung, wohl aber von **Gibbons** (Fig. 46). Diese bieten in ihren mannigfaltigen Variationen, abgesehen von dem mehr gestreckten Corpus mandibulae und dessen geringerer postmaler Breite, noch nähere Anklänge an das Stadium des Homo Heidelbergensis, als die anderen Anthropoiden. Ganz besonders auffällig sind in dieser Hinsicht die Gestalt des sehr breiten Ramus mit der oft sehr flachen Incisura semilunaris, die starke Ausprägung der Incisura praemuscularis und die Symphysenregion, die im Relief der Vorder- und der Lingualfläche weniger modifiziert ist als bei den übrigen Anthropoiden. Es sind sogar Andeutungen der Incisura submentalis vorhanden, ein untrüglicher Beweis, daß diese einst gemeinsamer Besitz war. Bei Hylobates lar finden sich ferner sogar Andeutungen des Sulcus supramarginalis, der bei den anderen Anthropoiden ganz vermißt wird.

Das Resultat ist also, daß ein durch sein Gebiß als menschlich sichergestelltes Fossil dem Ausgangszustande der Anthropoiden nahesteht, wie es die von KLAATSCH und mir vertretenen Anschauungen erwarten ließen.

Es soll nun noch die Mandibula des Homo Heidelbergensis mit anderen fossilen menschlichen Unterkiefern verglichen werden. Von Wichtigkeit ist es, zu prüfen, ob sie eine morphologische Sonderstellung einnimmt.

Der Beginn der Erforschung fossiler Menschenkiefer war gegeben durch die 1866 erfolgte Entdeckung DUPONTS[15–17], der in der Höhle „La Naulette" am linken Ufer der Lesse in Belgien zusammen mit Knochen vom Mammut und Rhinoceros das Fragment eines menschlichen Unterkiefers antraf. Was sofort an demselben auffiel, war der sehr kräftig und gedrungen gebaute Körper, sowie die zurückweichende Gestaltung der Kinnregion, worin man Ähnlichkeiten mit Affen zu erkennen glaubte. GABRIEL DE MORTILLET[54] meinte sogar: Das betreffende Wesen habe noch keine Sprachfähigkeit besessen, da die Spina mentalis interna zu fehlen scheine. Zum erstenmal wurde die wissenschaftliche Welt durch Wahrnehmungen „pithecoider" Eigenschaften an einem Menschenkiefer beunruhigt. Die Ära der Diskussion über die Affenabstammung des Menschen begann. In dieser Periode der Unklarheit ist der Scharfblick TOPINARDS[95] hervorzuheben, der mit kritischem Auge die Merkmale des La Naulette-Kiefers prüfte und seine menschliche Natur feststellte. Zugleich zeigte dieser Forscher, daß die vom recenten Europäer vorhandenen Abweichungen nicht eine Annäherung im genetischen Sinne an die Anthropoiden bedeuten. In seinen Formverhältnissen, besonders in der gedrungenen Gestalt des Corpus, ist das Kieferfragment von **La Naulette** demjenigen von Krapina, welches GORJANOVIĆ-KRAMBERGER[30] mit G bezeichnet, sehr ähnlich. Beide Kiefer weichen hierin beträchtlich von dem Heidelberger Fossil ab. Für La Naulette liegt eine weitere Differenz darin, daß die Alveolen der Molaren vom ersten bis zum dritten größer werden; doch handelt es sich bei La Naulette M 3 nach R. BAUME[7] wahrscheinlich um einen im Durchbruch befindlichen Zahn, bei dem die Alveole stets weiter zu sein pflegt.

Große Erregung rief auch die Auffindung des berühmten Unterkieferfragments durch CH. MAŠKA 1882 in der Šipkahöhle bei Neutitschein in Mähren hervor. Die lebhafte Diskussion zwischen VIRCHOW und SCHAAFFHAUSEN über die Bedeutung der im Kiefer eingeschlossenen Zähne wurde erst in neuester Zeit durch WALKHOFF dahin erledigt, daß es sich um ein kindliches Objekt im Zahnwechsel handelt. Aus diesem Grunde eignet sich der Šipkakiefer nicht gut zu vergleichenden Studien mit der einem erwachsenen Individuum angehörigen Mandibula des Homo Heidelbergensis.

Hingegen ist hierfür der Unterkiefer von **Spy** I sehr brauchbar. Mit der Beschreibung desselben durch J. FRAIPONT[18] in den Archives de Biologie 1887 beginnt eigentlich erst eine wissenschaftliche Bearbeitung des menschlichen Unterkiefers. Bis zur Entdeckung der Reste des Krapinamenschen, Ende der neunziger Jahre des vorigen Jahrhunderts, war die Spymandibula das klassische Objekt in seiner Art. FRAIPONT charakterisiert sie mit den Worten: „Elle est très robuste, très haute, récurrente, dépourvue d'éminence mentonnière.“ Leider fehlt ihr der obere und der distale untere Teil der Äste; jedoch wird diese Lücke einigermaßen ausgefüllt durch den Rekonstruktionsversuch, den KLAATSCH im Anschluß an denjenigen des Neandertalschädels ausgeführt und auf dem Berliner Anatomenkongreß 1908 demonstriert hat.

Auf den ersten Blick zeigt es sich, daß zwischen Spy I und dem Homo Heidelbergensis viel Verwandtschaftliches besteht, aber auch manches Trennende. In letzterer Hinsicht fällt besonders auf, daß der Spykiefer seinen Ruf enormer Mächtigkeit neben dem Heidelberger Fossil einbüßt. Gegen letzteres erscheint das belgische grazil und gemäßigt. FRAIPONT gibt als Symphysenhöhe 38 mm an. An dem mir von genanntem Forscher freundlichst überlassenen Gipsabguß läßt sich eine solche von nur 35 mm feststellen, was etwa derjenigen des Heidelberger Unterkiefers entspricht; der Defekt der Alveolen der Incisivi erschwert bei letzterem die Messung. In der Symphysendicke bleibt Spy (15 mm) gegen Heidelberg (17,5 mm) zurück. Auffälliger ist die Schmalheit des Corpus von Spy in den seitlichen Teilen. Am Foramen mentale zeigt Spy 13,5 mm, Heidelberg 18,5; die postmolare Dicke beträgt bei Spy 16, bei dem Heidelberger Fossil aber 23,5 mm!

Unter diesen Umständen kann bei der Spymandibula von einem Mißverhältnis zwischen Zähnen und Kiefer, wie es der Homo Heidelbergensis zeigt, nicht die Rede sein. Obwohl relativ groß, haben die Zähne im Spykiefer genügend Raum, keinesfalls aber Überfluß daran, wie es bei dem Heidelberger der Fall ist. Trotz der kleinen, besonders bei M 2 hervortretenden, Differenzen in den Größenverhältnissen der Molaren ist das Gesamtbild des Gebisses beider, wenn man von der stärkeren Abkauung bei Spy absieht, ein sehr ähnliches, der Verlauf des Alveolarrandes fast identisch; nur buchtet sich derjenige des Heidelberger Fossils im Bereiche der Incisiven und Prämolaren ein wenig vor. Dies zeigt sich deutlich, wenn man die Alveolarrandkurven von beiden aufeinander projizert. Hierbei erkennt man auch ein geringes Zurückbleiben der Kurve von Heidelberg gegen Spy in der Breite der Molarenregion.

Ferner offenbart die Symphysengegend beider Unterkiefer eine fundamentale Übereinstimmung durch den gemeinsamen Besitz einer Incisura submentalis in einer solchen Ausdehnung, wie sie bei recenten kaum vorkommen dürfte. Bei Spy ist dieselbe allerdings 10 mm schmäler und weniger tief ausgeschnitten. Auch eine Spina interdigastrica ist bei Spy vorhanden. Ferner sind die Insertionsgruben des Musculus digastricus in ihrer halbmondförmigen Gestalt sehr ähnlich, jedoch erscheint die beim Heidelberger Fossil wahrnehmbare Umgestaltung der Insertionsfläche aus einer mesial beinahe horizontalen in eine distal mehr lingual gerichtete an der Spymandibula weniger ausgeprägt. Die kleine Prominenz, welche sich bei der Heidelberger Mandibula an der lateralen Grenze der Digastricusinsertion auf der Außenfläche vorfindet, ist bei Spy nur auf der linken Seite deutlich entwickelt. Die Bedeutung dieses Tuberculum mentale posterius für die Kinnbildung ist von KLAATSCH in seinem Frankfurter Vortrage dargelegt worden. Ebendort lenkte er die Aufmerksamkeit auf die Furche, welche zwischen dem vorgenannten Tuberculum und dem Foramen mentale, dem Kieferrande parallel laufend, von ihm an Australierkiefern in stark variierender Ausdehnung festgestellt und Sulcus supramarginalis oder mentalis benannt wurde. Dieser ist auch an der Spymandibula, links deutlicher als rechts, wahrnehmbar. Daß er mit der viel besser ausgeprägten und bedeutend weiter ausgedehnten Rinnenbildung identisch ist, die ich an dem Heidelberger Fossil beschrieben habe, bedarf nur des Hinweises. Die Foramina mentalia von Spy liegen, soweit der Gipsabguß dies erkennen läßt, unter M 1, also mehr distalwärts als bei unserem Fossil.

Der vorderen Symphysenfläche der Spymandibula fehlt die das ganze Gebiet beherrschende Rundung. Die Gegend unter dem Alveolarrand erscheint wie eingedrückt. Es ist die Bildung entstanden, welche KLAATSCH in zahlreichen Variationen an Australierkiefern beobachten konnte und für die er die Bezeichnung Impressio subincisiva externa eingeführt hat. Hiervon zu unterscheiden ist die Impressio subincisiva interna, die bei dem Heidelberger Fossil nur ganz schwach angedeutet, bei Spy aber stärker ausgeprägt ist. So wird der Alveolarrand des letzteren lingual und labial verschmälert. Durch die Impressio subincisiva externa tritt das darunter befindliche Gebiet ein wenig hervor. Diese Prominenz ist es, die FRAIPONT zu dem Urteil veranlaßt: Le menton existe déjà ici virtuellement. Ohne daß auf diese Frage hier näher eingegangen wird, läßt sich doch feststellen, daß die Verschiedenheit der Symphysenregion der Unterkiefer von Heidelberg und Spy sich nur im Sinne einer sekundären Veränderung des letzteren deuten läßt. Aus dem Heidelberger Kiefer läßt sich der von Spy modellieren, nicht aber umgekehrt.

An Stelle der Rundung der Regio mentalis der Heidelberger Mandibula, welche die Messung eines Symphysenwinkels gar nicht gestattet, ist bei Spy eine Abflachung und steilere Stellung der Vorderfläche getreten (den Winkel gibt FRAIPONT mit 111° an). Die allgemeine Verschmälerung des Corpus mandibulae von Spy erscheint nun als eine Reduktion aus einem dem Heidelberger Fossil ähnlichen Stadium. Das innere Relief der Symphyse ist dabei ziemlich unverändert geblieben; doch machen sich leichte Unebenheiten in der Fossa genioglossi bemerkbar: Anfänge der Bildung einer Spina mentalis interna.

Recht abweichend vom Homo Heidelbergensis verhält sich beim Menschen von Spy die Linea mylohyoidea, indem sie, eine tiefe Fossa submaxillaris überbrückend, als sehr deutlich wahrnehmbarer Wulst sich bis zur Digastricusinsertion hinzieht.

Die Fossa praecoronoidea bei Spy ist schwächer entwickelt und das Trigonum postmolare kürzer als bei dem Heidelberger Fossil. Das Diastema postmolare, der freie Raum zwischen dem dritten Molaren und dem vorderen Rande des Ramus, ist hingegen weiter bei Spy. Der fragmentarische Processus coronoideus bei letzterem läßt noch das Vorhandensein einer Incisura subcoronoidea erkennen und eine ähnliche Form des Ramus wie bei dem Homo Heidelbergensis vermuten.

Faßt man alle diese Tatsachen zusammen, so erhellt zweifellos ein Zusammenhang zwischen den beiden Unterkiefern, und zwar in dem Sinne, daß das Heidelberger Fossil bis in die Einzelheiten einem Vorfahrenstadium desjenigen von Spy I entspricht[XXII.]. Wir müssen daher die Mandibula des Homo Heidelbergensis als präneandertaloid bezeichnen. Da sie zugleich präanthropoide Merkmale aufweist, so wird ihre Stellung als diejenige eines ganz fundamentalen „Generalized Type" im Sinne Huxleys immer mehr befestigt.

Sehen wir zu, ob die Vergleichung des Heidelberger Fossils mit dem Unterkiefermaterial von **Krapina** die eben geäußerte Auffassung bestätigt. An letzterem fällt besonders die außerordentliche individuelle Variation auf. Da ist zunächst der gewaltige, fast vollständig erhaltene Unterkiefer J, der in GORJANOVIĆ-KRAMBERGERS[30] trefflicher Monographie vom Jahre 1906 in Fig. 2 und 2a, Taf. VI abgebildet ist. Nach diesen Bildern und nach dem

Text ergibt sich, daß er in seinen Dimensionen das Heidelberger Fossil in manchen Punkten übertrifft. Der Abstand der Condyli (Mittelpunkt der Flächen) voneinander beträgt bei Krapina J 121,8 mm, d. h. etwa ein Fünftel mehr als beim recenten Europäer im Durchschnitt; bei der Heidelberger Mandibula finde ich 110 mm, ein Maß, mit dem Spy I nach dem von KLAATSCH[47] ausgeführten Rekonstruktionsversuch genau übereinstimmen würde. Der Abstand der Condylen, an der Außenfläche gemessen, der bei Heidelberg 130,4 mm beträgt, zeigt bei Krapina J mindestens 145 mm, wozu nach GORJANOVIĆ-KRAMBERGER l. c. p. 159 noch 1–2 mm hinzutreten dürften, da der Kiefer aus Fragmenten zusammengesetzt ist. Die Condylenflächen von Krapina J sind durch Arthritis deformans verändert; die linke ist weniger davon berührt. Sie zeigt eine ähnliche Gestaltung wie am Heidelberger Fossil. Während der transversale Durchmesser des linken Condylus bei Krapina J 28,8 mm gegen Heidelberg 22,8 mm zeigt, ist der sagittale Durchmesser bei beiden gleich. Die Dickendimensionen des Corpus sind bei Krapina J geringer als bei Heidelberg: an der Symphyse 15 gegen 17,5 mm und distal von M 3 sogar 15 (nach der Abbildung gemessen) gegen 23,5 mm. Ob bei Krapina J eine Incisura submentalis besteht, läßt sich nach der Abbildung nicht entscheiden, ist aber nach der von GORJANOVIĆ-KRAMBERGER l. c. Fig. 2, Taf. VI gegebenen Profilansicht wahrscheinlich. Das Foramen mentale liegt relativ weit hinten: unter der distalen Wurzel des ersten Molaren. Die vordere, eine Impressio incisiva aufweisende Symphysenfläche von Krapina J ist stärker zurückweichend als bei Spy I; es fehlt ihr die ausgesprochene Rundung, welche das Heidelberger Fossil aufweist.

Der Ramus von Krapina J ist in seiner Form in mancher Hinsicht der Heidelberger Mandibula ähnlich, läßt aber in anderer Beziehung Abweichungen erkennen. So hat der Processus coronoideus vorn noch ganz die typische Beschaffenheit, während die Incisura tiefer eingeschnitten ist. Ferner ragt die Spitze des Processus coronoideus höher als der Condylus auf, im Gegensatz zum Heidelberger Kiefer. Während bei diesem Basaltangente und Alveolarrand divergieren, laufen sie bei Krapina J fast parallel; auch ist bei letzterem eine Incisura praemuscularis nicht ausgeprägt. Der Ramus des Menschen von Krapina ist etwas höher als derjenige des Homo Heidelbergensis; dagegen ist die Breite des ersteren unverhältnismäßig gering, was ein Blick auf die Abbildung beider erkennen läßt. Die Mehrzahl der von Krapina J angeführten Merkmale spricht für sekundäre Abänderungen eines Urzustandes, wie ihn das Heidelberger Fossil noch zeigt.

Ganz dasselbe Resultat ergeben die Unterkieferfragmente von Krapina H und G, von denen ich Gipsabgüsse der Güte des Herrn GORJANOVIĆ-KRAMBERGER verdanke. Das erstere, von dem das Corpus mit sämtlichen

Zähnen erhalten ist, ähnelt dem oben beschriebenen J sehr. Die vordere Symphysenfläche ist jedoch noch mehr zurückweichend und vollständig abgeplattet, so daß man hier den Winkel messen kann, den sie mit der Alveolarebene bildet; er beträgt 67°, ein für menschliche Verhältnisse außergewöhnlich niedriger. Bei einseitiger Beurteilung dieser Tatsache könnte es scheinen, als liege hier ein niederer Zustand als bei dem Heidelberger Fossil vor; aber sorgfältige Prüfung der Vorderfläche des Kiefers H zeigt die Veränderungen, die er im Vergleich zu demjenigen des Homo Heidelbergensis erfuhr, an den er sich in anderen Punkten direkt anschließt.

Die fundamentale Übereinstimmung der Unterkiefer von Heidelberg, Spy und Krapina liegt in dem Besitz der Incisura submentalis. In ihrer Ausprägung nähert sich Krapina H unserem Fossil mehr, als das bei Spy I der Fall ist. Krapina H bietet sogar eine einseitige Fortbildung des Zustandes der Heidelberger Mandibula durch die bedeutende Ausdehnung der Insertion des Digastricus, der außerordentlich entwickelt gewesen sein muß. Die Fossa digastrica liegt bei Krapina ganz nahe der Mittellinie, die eine deutliche Spina interdigastrica aufweist. Die Dicke des Basalrandes beträgt an der Symphyse 15,4 mm, unter dem Eckzahn sogar 16,4 mm; alveolarwärts verjüngt sich der Körper. Es ist, als wäre die Symphysenregion, vom Alveolarrande anfangend, komprimiert und die Knochenmasse basalwärts gedrängt. So weit geht die Reduktion der knöchernen Hülle, daß die Juga alveolaria der Incisivi und besonders der Canini als starke Wülste sich markieren.

Trotz der stark „fliehenden“ Beschaffenheit der Kinnregion zeigt ihr Relief in der Medianebene schon die Anfänge der Kinnbildung, wie GORJANOVIĆ-KRAMBERGER ganz richtig erkannt hat. Außen eine sanfte Kinnschwellung, die jedoch nicht als positive Erhebung zu gelten braucht, sondern als eine lokale Erhaltung der ursprünglichen Wölbung angesehen werden kann, die nur infolge des Einsinkens der darüber befindlichen Knochenmasse hervortritt. Innen erhebt sich bereits aus der Fossa genioglossi eine kleine Spina mentalis.

Die lateralen Partien des Kieferfragmentes Krapina H zeigen, ebenso wie bei J, die von KLAATSCH als wichtig für die Kinnbildung erkannten Unebenheiten: den Sulcus supramarginalis und das Tuberculum mentale laterale (von GORJANOVIĆ-KRAMBERGER als Tuberculum submentale bezeichnet). In der Bewahrung dieses Reliefs stehen Krapina H und J dem Heidelberger Fossil näher als Spy I.

Welch ein anderes Bild bietet auf den ersten Blick das Unterkieferfragment Krapina G dar! Die Höhe des Corpus, das rechts bis zum aufsteigenden Aste, links nur bis zum ersten Molar erhalten ist, bleibt gegen Krapina H bedeutend zurück, so daß man an das Kieferfragment von La Naulette erinnert wird. Die Dickenverhältnisse des Körpers sind relativ bedeutende: an der Symphyse 14,4 und unter dem Eckzahne rechts 14,8, links 15,5 mm. Die vordere Symphysenfläche zeigt eine ganz schwache Rundung und die linguale Fläche eine Wulstung mit kaum angedeuteter Impressio incisiva interna, beides Punkte, in denen sich Krapina G näher an die Heidelberger Mandibula anschließt, als Spy oder die anderen Kiefer von Krapina. Hingegen stimmt G mit letzteren und mit Spy überein in der am Heidelberger Fossil fehlenden starken Ausprägung der Linea mylohyoidea. Daneben bestehen aber ganz eigene Merkmale: Der Basalrand von G ist unten von der Mitte bis zum zweiten Prämolaren abgeplattet. Die flachen, sehr großen Fossae digastricae schauen fast genau abwärts und nur ganz wenig lingual. Die Incisura submentalis besteht, ist aber sehr flach. Sulcus supramarginalis, Tubercula mentalia lateralia, und, wie GORJANOVIĆ-KRAMBERGER zutreffend nachweist, auch eine mediane Kinnprominenz sind gleichsam in statu nascendi angedeutet. — Ganz ungewöhnlich ist offenbar die Stellung der Vorderzähne gewesen. Wie die vorgebogen gewesenen Alveolen erkennen lassen, bestand eine starke Zahnprognathie. Hierin weicht Krapina G vom Heidelberger Fossil und allen anderen ab.

Es sind noch verschiedene Unterkieferfragmente von Krapina vorhanden, die teils ihres defekten Zustandes wegen, teils weil sie von jugendlichen Individuen herrühren, zum Vergleich nicht herangezogen wurden.

Im ganzen genommen folgt aus obiger Betrachtung, daß die individuellen Variationen der Mandibula des Menschen von Krapina auf einen Ausgangszustand hinweisen, der dem Heidelberger Fossil ganz nahe gestanden hat.

Es sei noch in Kürze des Unterkiefers von **Ochos** gedacht, der vor zwei Jahren in einer Höhle des Brünner Devonkalkgebietes zusammen mit Resten diluvialer Tiere aufgefunden und von A. RZEHAK[68] in den Verhandlungen des Naturforschenden Vereins in Brünn 1906 beschrieben ist. Leider fehlt das Corpus mandibulae fast vollständig, so daß eigentlich nur der Alveolarteil erhalten ist. „Es sieht aus, als ob der Körper nicht von Raubtieren abgebissen, sondern von Menschenhand abgeschlagen worden wäre, da der Bruchrand ziemlich glatt und eine Bißspur nirgends zu sehen ist. An den ehemals scharfen Rändern ist der Knochen schwach, aber deutlich abgerollt. Die aufsteigenden Äste fehlen ebenfalls, dagegen sind mit Ausnahme des rechtsseitigen Weisheitszahnes alle Zähne in situ vorhanden.“ Diese sind in der tabellarischen Aufzählung der Maße berücksichtigt. An dem Fragmente selbst fällt die bedeutende Lingualwulstung auf, die derjenigen des Heidelberger Fossils nahesteht; auch scheinen, soweit dies aus der Abbildung zu erkennen ist, die Wurzeln der Incisivi etwas von der ursprünglichen

Krümmung behalten zu haben. Die oberhalb des Bruchrandes angedeutete Impressio subincisiva externa verrät bereits sekundäre Modifikationen.

Aus der Vergleichung der Mandibula des Homo Heidelbergensis mit den anderen besprochenen fossilen Kiefern ergibt sich, daß kein einziger von diesen es mit unserm Objekt hinsichtlich der morphologischen Bedeutung aufnehmen kann. Das Heidelberger Fossil übertrifft sie alle durch die Kombination primitiver Merkmale. Relativ am nächsten steht ihm der Unterkiefer von Spy; er erscheint noch am gleichmäßigsten in allen Teilen aus dem Heidelbergtypus umgeformt. Die individuellen Variationen von Krapina stellen einseitige (vielleicht von alten Rassen eingeschlagene) Entwicklungsbahnen dar.

Daß auch die Unterkiefer heutiger Rassen sich auf eine dem Heidelbergtypus ganz nahe stehende Urform zurückführen lassen, wurde bereits an einigen Profildiagrammen gezeigt.

---

Nachdem die morphologische Stellung unseres Fossils nach verschiedenen Richtungen beleuchtet worden ist, möge hier eine Zusammenfassung des Resultates folgen: Die Mandibula des Homo Heidelbergensis läßt den Urzustand erkennen, welcher dem gemeinsamen Vorfahren der Menschheit und der Menschenaffen zukam. Dieser Fund bedeutet den weitesten Vorstoß abwärts in die Morphogenese des Menschenskelettes, den wir bis heute zu verzeichnen haben. — Angenommen, es würde ein geologisch noch älterer Unterkiefer aus der Vorfahrenlinie des Menschen gefunden, so stünde nicht zu erwarten, daß er viel anders aussehen würde, als unser Fossil, das uns bereits bis zu jener Grenze führt, wo es spezieller Beweise bedarf (wie hier des Gebisses), um die Zugehörigkeit zum Menschen darzutun. Noch weiter abwärts kämen wir zu dem gemeinsamen Ahnen sämtlicher Primaten. Solch einem Unterkiefer würden wir die Vorfahrenschaft zum heutigen Menschen wohl kaum noch ansehen können; seine Beziehung zu unserem Fossil würde aber bestimmt erkennbar sein. Das geht hervor aus den Annäherungen, welche die Unterkiefer niederer Affen und recenter wie fossiler Halbaffen bald in diesem, bald in jenem Punkte zu ihm aufweisen. Besonders der Ramus mandibulae ist in dieser Hinsicht sehr lehrreich. Als Beispiele seien herausgegriffen: Die Ähnlichkeit des Processus coronoideus und der flachen Incisura semilunaris bei Cynocephalus, die Andeutung einer Incisura subcoronoidea bei Mycetes, die Breite der Äste bei fossilen Lemuriden.

Fußnoten:

[XI.] Nach den neueren, durch H. HAHNE und E. WÜST[34] ausgeführten Untersuchungen liegen „die paläolithischen Fundschichten der Gegend von Weimar im Ilmtale zwischen Weimar und dem 4 km ilmaufwärts von Weimar gelegenen Dorfe Taubach in einer aus Ablagerungen des Ilmtales aufgebauten Terrasse, welche durch spätere Erosion in drei Teilstücke: das Taubacher auf der rechten, das Ehringsdorfer und das Weimarer auf der linken Ilmseite, zerlegt ist". Nach den genannten Forschern lassen „die Entstehungsart und Altersfolge der Fundschichten von vornherein nicht unbeträchtliche zeitliche Unterschiede zwischen den menschlichen Spuren der verschiedenen Horizonte annehmen". E. WÜST[103] gelangt übrigens in seiner neuesten Schrift zu dem Schlusse, daß die in Rede stehenden Ablagerungen von Weimar-Ehringsdorf-Taubach dem dritten Interglacial zugerechnet werden müssen.

[XII.] Es gelang mir, aus dem Kalktuff von Taubach auch einen Kinderzahn nachzuweisen, den ich unter den von A. WEISS daselbst gesammelten Fossilien vorfand und der wissenschaftlichen Bearbeitung durch A. NEHRING zuführte. Vgl. die Mitteilungen VIRCHOWS in der Berliner Anthrop. Ges. Zeitschr. f. Ethnologie 1895 Verh. S. 338. Bald danach kam ein zweiter, schon früher in der gleichen Schicht aufgefundener Zahn (M 1 inf.) zum Vorschein, dessen bisher angezweifelter Fundbericht nunmehr Anerkennung fand; ebd. S. 573.

[XIII.] Auch Herr Geh. Hofrat BÜTSCHLI erhielt eine Mitteilung über den Fund, die er so freundlich war mir sogleich zu übermitteln.

[XIV.] Worte JOH. FRIEDR. ESPERS beim Auffinden „einer Maxilla von einem Menschen unter den unbekannten vierfüßigen Tieren" in der Gailenreuther Höhle anno 1774.

[XV.] Die genauen Maße sind in der speziellen Beschreibung der Zähne (Anhang I) angeführt.

[XVI.] Es sei auch auf die auf Taf. IX wiedergegebenen Röntgenbilder verwiesen, die diesen Unterschied bei dem Homo Heidelbergensis (Fig. 32–38) und bei einem recenten Europäer (Fig. 39 u. 40) — das Alter beider kann auf etwa 40 Jahre geschätzt werden — deutlich veranschaulichen.

[XVII.] Vgl. den von H. KLAATSCH auf der Frankfurter Versammlung der Deutschen Anthropologischen Gesellschaft 1908 gehaltenen bedeutungsvollen Vortrag über Cranio-Morphologie und Cranio-Trigonometrie, in welchem grundlegend die Morphologie des menschlichen Unterkiefers behandelt und mit Rücksicht auf die Australier-Mandibula und deren von dem Europäerkiefer abweichendes Verhalten zum Teil eine ganz neue Terminologie geschaffen wird, der ich — insoweit dies bei unserm Fossil tunlich ist — folgen werde.

[XVIII.] Dieses tritt auf der Photographie nicht deutlich genug hervor, da es in der nacherwähnten Furche gelegen ist.

[XIX.] Diese sind am Original genommen; die am Gipsabguß genommenen Maße weichen hiervon etwas ab.

[XX.] Dieser Ausdruck ist neuerdings von KLAATSCH anstatt des bisherigen „Symphysion“ eingeführt.

[XXI.] K. bedeutet Australier Kollektion KLAATSCH, B. bedeutet Breslau Anatomie, und zwar N. C. = Neuer Katalog, A. C. = Alter Katalog.

[XXII.] Fragmente einer Mandibula von Spy II sind beschrieben bei FRAIPONT 1. c. p. 632: „Cette mandibule devait être plus haute, plus massive, plus robuste encore que celle du sujet No. 1“. „Le bord alvéolaire est très épais et en rapport avec le développement des alvéoles qui logent d'énormes molaires. Les branches volumineuses ...“. Hiernach ist es möglich, daß eine individuelle Variation vorlag, die noch mehr von dem ursprünglichen Typus des Homo Heidelbergensis bewahrte. Auffallend hingegen ist, daß FRAIPONT die Molaren als „enorm“ bezeichnet.

# ANHANG
# ZUM ANTHROPOLOGISCHEN TEIL

## DIE ZÄHNE DES HOMO HEIDELBERGENSIS

I. SPEZIELLE BESCHREIBUNG

II. TABELLEN DER MASZE UND VERGLEICHSZAHLEN

III. DIE HÖCKER DER MOLAREN

IV. DIE PULPAHÖHLEN

V. RÖNTGENBILDER

---

### I. Spezielle Beschreibung.

**J 1 dext.** (Fig. 25 a u. b, Taf. VIII). Die Kaukante des mittleren rechten Schneidezahnes ist stark abgenutzt, so daß der Schmelzbelag oben vollständig verschwunden ist. Das Zahnbein ist hier muldenförmig ausgehöhlt und von einem ganz schmalen Schmelzsaume umrandet. Die Lippenfläche selbst bietet nichts Absonderliches. Die Zungenfläche zeigt an der Basis einen eben angedeuteten Schmelzwulst, der gegen die Schneidekante zu, sich allmählich abflachend, ausläuft. Vom unteren Schmelzrande 4,1 mm entfernt findet sich eine seichte Querfurche, die von einer Seite zur andern verläuft, sich auf die Seitenflächen fortsetzt und noch am Seitenrande der Lippenfläche erkennbar ist. Weiter aufwärts, 5,6 mm vom unteren Schmelzrande entfernt, findet sich eine ebenso verlaufende, aber deutlichere Furche. Die beiden Wurzelflächen sind der Länge nach eingefurcht, die distale tiefer als die mesiale. Die Wurzelspitze ist mesial etwas gekrümmt. — Die Maße sind folgende: Totale Länge 23,2[XXIII.]; Kronenlänge oder -höhe 7,5[XXIII.]; Kronenbreite (mesiodistaler Durchmesser) 5,5; Kronendicke (labiolingualer Durchmesser) 7,1; Wurzeldurchmesser 7,2 und 4,2 mm.

**J 1 sin.** (Fig. 26 a u. b). Der mittlere linke Schneidezahn ist ebenso stark abgenutzt wie J 1 dext. An der Lippenfläche findet sich 2,2 mm vom unteren Schmelzrande entfernt eine ganz schwache Querfurche und 3,6 mm höher eine gleiche. Die Zungenfläche ist derjenigen des rechten mittleren Schneidezahnes sehr ähnlich; sie zeigt zwei horizontal bogenförmig verlaufende Querfurchen, von welchen die eine 4 mm, die andere 5,7 mm vom unteren Schmelzrande entfernt ist. Die Seitenflächen zeigen keine

Besonderheiten. Die Spitze der von beiden Seiten stark flach gedrückten Wurzel ist abgebrochen und steckt im Kiefer. Die beiden Wurzelflächen sind der Länge nach eingefurcht, die mesiale schwächer als die distale. — Maße: Kronenlänge 6,9[XXIII.]; Kronenbreite 5,0; Kronendicke 7,1; Wurzeldurchmesser 7,2 und 4,1 mm.

**J 2 dext.** (Fig. 24 a u. b). Die Krone des seitlichen rechten Schneidezahnes ist, wie bei J 1 dext. stark abgekaut; sie ist 0,5 mm breiter als bei letzterem. Ihre Lippenfläche weist außer einer eben angedeuteten Querfurchung keine Besonderheiten auf. Die Zungenfläche zeigt ähnlich wie bei J 1 dext. einen Basalwulst, der sich gegen die Schneide hin in der Weise abdacht, daß in der Mittellinie eine Erhebung bestehen bleibt. Distal von dieser findet sich eine deutlich erkennbare Einsenkung, mesial ist solche kaum wahrnehmbar. Die beiden Wurzelflächen sind wie bei J 1 dext. der Länge nach gefurcht. Da die Wurzel dieses Zahnes bei der Ausgrabung des Unterkiefers mitten durchschlagen wurde — die Spitze steckt noch im Kiefer —, so gewinnt man einen Einblick in den Wurzelkanal, der ziemlich geräumig und seitlich zusammengedrückt ist. Maße: Kronenlänge 8,0; Kronenbreite 6,0; Kronendicke 7,8; Wurzeldurchmesser 7,9 und 4,5 mm.

**J 2 sin.** (Fig. 27). Die Schmelzfläche des seitlichen linken Schneidezahnes ist bis in die Hälfte des Zahnes hinein abgesprengt, so daß die Pulpakammer ungefähr in der Mitte ihrer Tiefe eröffnet ist. Die Kaukante ist wie bei den übrigen Incisiven stark abgenutzt. Die Lippenfläche zeigt 2,5 mm von der unteren Schmelzgrenze entfernt eine seichte Querfurche. Die Zungenfläche weist unten eine deutliche Schmelzerhebung und nach oben verschiedene Grübchen und Leisten auf, die den Eindruck der Schmelzhyperplasie machen. — Maße: Kronenlänge 8,2; Kronenbreite 6,3; Kronendicke 7,7; linguolabialer Wurzeldurchmesser 7,6 mm.

**C dext.** (Taf. VIII, Fig. 22). Die Schneidekante des rechten Eckzahnes ist stark abgenutzt, so daß in der Kauebene eine halbmondförmige Figur entsteht, die von einem durchschnittlich 1 mm dicken Schmelzrande gebildet wird, innerhalb dessen etwas tiefer liegend ein dunkelbraun gefärbter, ebenfalls halbmondförmig gestalteter Kern von Dentin erscheint. Dieser ist mesiodistal 5,2 mm lang und labiolingual bis zu 2,3 mm breit. Die Lippenfläche der Krone ist sowohl mesiodistal wie in der Richtung von oben nach unten gewölbt, und zwar ist die erstgenannte Kurve auf der mesialen Seite stärker gebogen als auf der distalen. Die Lippenfläche, zeigt deutlich zwei horizontale Schmelzerhebungen, welchen je eine Querfurche entspricht, von denen die obere deutlicher als die untere ausgeprägt ist.

An der Basis der Zungenfläche ist ein Tuberculum angedeutet, von dem zwei Randleisten bis zur Kaukante ausgehen, sowie eine sich früher verlierende Mittelleiste. Zwischen den Randleisten und der Mittelleiste verläuft, distal deutlicher als mesial, je eine Furche. Am Ende der Mittelleiste und etwas nach der distalen Seite gerückt, findet sich eine grubenförmige Vertiefung. — Sonst wäre noch zu erwähnen, daß die Schmelzgrenze sich an der Lippenfläche 1,2 mm tiefer herabsenkt, als an der Zungenfläche, sowie daß die Höhenlage des Schmelzrandes auf der mesialen Seite 0,9 mm über diejenige der distalen emporragt. — Maße: Kronenlänge 8,7; Kronenbreite 7,6; Kronendicke 9,0 mm.

**C sin.** (Fig. 23). Die Kaukante des linken Eckzahnes verhält sich ganz ähnlich wie bei C 1 dext.; leider ist beim Schaufeln des den Unterkiefer enthaltenden Sandes von der mesialen Seitenfläche ein wenig vom Schmelz abgesprengt worden. Die Lippenfläche entspricht derjenigen des Caninus der rechten Seite; nur sind die quer verlaufenden Schmelzerhebungen und Furchen weniger deutlich ausgeprägt. Lingual ist ebenfalls ein basales Tuberculum angedeutet, von dem in gleicher Weise wie beim rechten Eckzahne zwei Randleisten, zwei Furchen und eine kleinere Mittelleiste auslaufen; jedoch fehlt das Grübchen oberhalb dieser.

Die Schmelzgrenze senkt sich an der Lippenfläche 0,8 mm tiefer herab, als an der Zungenfläche; die Höhenlage des Schmelzrandes ragt auf der mesialen Seite ebenso wie bei C 1 dext. 0,9 mm über diejenige der distalen empor. — Maße: Kronenlänge 8,9; Kronenbreite 7,7; Kronendicke 9,0 mm.

**P 1 dext.** (Fig. 22). An dem rechten vorderen Prämolarzahn ist der Wangenhöcker ziemlich stark abgekaut, so daß das Zahnbein in einer bis 0,5 mm breiten und 5,5 mm langen, eben bemerkbaren Einbuchtung zutage tritt. Der Zungenhöcker zeigt in der Mitte eine an der Basis 3,4 mm breite, nach oben spitz zulaufende 6,2 mm lange gratartige Schmelzleiste, welche die obere Kante nicht erreicht. Rechts und links davon sind zwei deutlich ausgeprägte Randleisten vorhanden, die von der Mittelleiste jederseits durch ein Grübchen getrennt sind, von denen jedes gegen die Basis in eine seichte Schmelzfalte ausläuft. Der linguale Höcker erreicht nicht vollständig die Höhe der Kauebene. Maße: Kronenhöhe in der Mittellinie 8,0; Kronenbreite 8,1; Kronendicke 9,0 mm.

**P 1 sin.** (Fig. 28 a u. b). An dem noch vorhandenen Rest der Krone des ersten linken Prämolarzahnes ist der Zungenhöcker abgebrochen. An der Kaufläche des Wangenhöckers sieht man eine ähnliche Abnutzung wie bei P 1 dext. Die Schmelzschicht der Wangenseite ist in ihrem unteren Teile ebenfalls zerstört.

**P 2 dext.** (Fig. 22). Der rechte zweite Prämolarzahn zeigt deutlich zwei Höcker, von denen der buccale eine Abnutzung aufweist. Der labiale Höcker erreicht gerade die Höhe der Kauebene. Beide Höcker sind durch eine gut entwickelte Schmelzleiste verbunden, die in der Mitte vertieft und eingeschnitten ist. Zu beiden Seiten dieser Mittelleiste finden sich randständig von den Seitenwülsten begrenzt Grübchen, von denen das mesiale oval ist, während das distale eine V-förmige Furchenzeichnung aufweist. — Maße: Kronenlänge über der Mittellinie 6,9; Kronenbreite 7,5; Kronendicke 9,2 mm.

**P 2 sin.** (Fig. 29 a u. b). An dem noch vorhandenen Rest der Krone des zweiten linken Prämolarzahnes ist sowohl an der labialen und lingualen, wie auch an der mesialen Seite der Kaufläche der Schmelz stark beschädigt, so daß Messungen nicht mehr ausführbar sind. Soweit die Kaufläche noch erhalten ist, sieht man, daß der Zungenhöcker gut entwickelt ist. Derselbe ist durch eine Schmelzleiste mit dem Wangenhöcker verbunden. Neben dieser Leiste befindet sich ein Grübchen mit sternförmiger Zeichnung.

**M 1 dext.** (Fig. 22). Die fünf Höcker des ersten rechten Mahlzahnes sind so weit abgekaut, daß das dunkel gefärbte Dentin gleich den Augen eines Spielwürfels zutage tritt. Die Kaufläche zeigt eine zickzackartig verlaufende Längsfurche. Von dieser zweigen buccalwärts zwei Querfurchen, lingualwärts eine ab, welche, die Höcker voneinander scheidend, sich über den Seitenrand der Krone hinab bis zur Schmelzgrenze verfolgen lassen. — Die Anordnung der Höcker und Furchen auf diesem Molar entspricht gut dem von RÖSE in „E. SELENKA, Menschenaffen I, S. 127, Fig. 159 c und d", aufgestellten Idealtypus des menschlichen fünfhöckerigen M 1 inf. — Maße: Kronenlänge 5,1; Kronenbreite 11,6; Kronendicke 11,2 mm.

**M 1 sin.** (Fig. 30 a u. b). Die Krone des ersten linken Molaren war durch kohlensauren Kalk so fest mit einem Kalksteingeröll verkittet (Taf. VI, Fig. 11 u. 14), daß sie bei der vermittelst Salzsäure bewirkten Ablösung des Gerölls an diesem haften blieb. Hierbei lösten sich am Rande geringe Mengen von Schmelz ab, die eine genaue Messung der Krone nicht mehr gestatten. Die Kaufläche dieses Mahlzahnes ist stärker abgenützt, als diejenige von M 1 dext. Sie hat eine nahezu viereckige Gestalt und zeigt eine ähnliche Anordnung der fünf Höcker, wie der rechte erste Molar; nur ist der distale Höcker ganz an der Wangenseite gelegen, so daß die ihn vom lingualen Höcker abtrennende Längsfurche in der Mitte des Zahnes verläuft. — Das Pulpenkammerdach zeigt, von unten betrachtet, wie die Abbildung Taf. VIII, Fig. 30 b erkennen läßt, fünf Ausstülpungen, die den Höckern entsprechen. — Die Dicke der Schmelzschicht läßt sich an diesem Zahne nicht zuverlässig ermitteln, da die Krone nicht glatt abgesprengt ist wie bei M 2 sin.

**M 2 dext.** (Fig. 22). Die Höcker des zweiten rechten Molaren sind nur im mesialen Teile derart abgekaut, daß lingual und buccal je ein Dentinkern sichtbar wird. Bei dem beträchtlichen Umfange des übrigen (distalen) Teiles der Kaufläche ist daher, zumal die abgetrennte Krone von M 2 sin. deutlich fünf Höcker erkennen läßt, zu vermuten, daß hier ebenfalls weitere drei

Höcker zur Ausbildung gelangten. Eine Stütze für diese Annahme bietet das Röntgenbild, das, namentlich wenn man die Glasplatte gegen das Licht hält, am Dach der Pulpakammer distalwärts zwei Höcker dicht nebeneinander erkennen läßt, die eine ähnliche Anordnung der beiden buccodistalen Höcker wie bei M 1 dext. vermuten lassen, während der fünfte linguodistal stehende Höcker auf dem Röntgenogramm verdeckt wird. Bezüglich der Schmelzfurche läßt sich noch folgendes erkennen: Die Längsfurche ist in der Mitte durch eine quere Schmelzleiste durchbrochen, welche auf beiden Seiten von einer Querfurche begrenzt ist. Die vordere Querfurche gabelt sich buccal- und lingualwärts, die hintere in distaler Richtung, wobei sie sich zum Schluß nochmals gabelt. Die vordere Querfurche setzt sich auf der buccalen Außenwand der Zahnkrone bis zur Basis fort. Maße: Kronenlänge 5,2; Kronenbreite 12,7; Kronendicke 12,0 mm.

**M 2 sin.** (Fig. 31 a u. b). Die Kaufläche des zweiten linken Molaren gehört, wie insbesondere das Pulpadach deutlich erkennen läßt, dem Fünfhöckertypus an. Die Längsfurche beginnt mit einer mesial gerichteten Gabelung, verläuft dann lingualwärts gebogen bis zur Querfurche, die wie bei M 2 dext. von einer Querleiste begrenzt wird. Die Längsfurche setzt sich distal von dieser fort, zuerst buccal-, zum Schluß distalwärts sich gabelnd.

Von unten betrachtet, zeigt das Pulpenkammerdach fünf den Höckern entsprechende Ausstülpungen, die eine kreuzförmige Erhebung umgeben. Der distale Längsschenkel des Kreuzes ist länger als der mesiale und weicht gegen die Zungenseite hin ab. Die Verteilung der Einsenkungen ist aus der Abbildung Fig. 31 b ersichtlich. — Maße: Kronenlänge 6,0; Kronenbreite etwa 12,9; Kronendicke etwa 11,0 mm.

**M 3 dext.** (Fig. 22). Der dritte rechte Molar zeigt den Fünfhöckertypus. Die im mesialen Teile der Kaufläche stark vertiefte Längsfurche grenzt durch eine Umbiegung nach der lingualen Seite hin den Zungenhöcker von dem Wangenhöcker deutlich ab. Buccalwärts von dieser Biegung findet sich ein Grübchen. Die Längsfurche wird durch eine auf der Abbildung nicht so deutlich hervortretende Querleiste unterbrochen, von welcher distal eine Querfurche verläuft, die sich auf die buccale Fläche der Zahnkrone fortsetzt; auch lingual kerbt sie den Seitenrand deutlich ein. Sie zeigt mehrere kleine Verästelungen. Die Fortsetzung der Längsfurche gabelt sich bereits in einer Entfernung von 1,2 mm von der Querfurche. Die ebenfalls nur 1,2 mm langen Schenkel dieser rechtwinkeligen Gabelung erreichen nicht den Rand der Krone. Man sieht aber an der Seitenwand derselben noch Andeutungen einer Abgrenzung des Höckers, dessen Verschwinden offenbar auf die Abkauung zurückzuführen ist. Bemerkenswert ist noch, daß dieser fünfte Höcker genau am distalen Ende des Zahnes gelegen ist, während er sich bei M 1 dext. mehr der buccalen Seite zuneigt. Die auf der Abbildung an der buccalen Seite befindliche dunkle Stelle ist nicht vertieft, wie es den Anschein haben könnte, sondern schwarz gefärbt, während die Dentinkerne auf den anderen Molaren rostbraun sind. — Die Kaufläche dieses Zahnes läßt eine größere Zersplitterung, als bei M 1 u. 2 erkennen, ähnlich wie dies auch am Weisheitszahn des recenten Europäers beobachtet werden kann. — Maße: Kronenlänge 5,3; Kronenbreite 12,2; Kronendicke 10,9 mm.

**M 3 sin.** (Fig. 23). Der dritte linke Molar ist stärker abgekaut als der rechte. Infolgedessen ist die Zeichnung der Furchen undeutlicher. Die Längsfurche liegt näher der lingualen, als der buccalen Seite. Die Querfurche liegt mehr im distalen Teil der Kaufläche. Sie geht auf der Wangenseite bis zur Schmelzgrenze hinab, während sie auf der Zungenseite nur den Rand einschneidet. Die Längsfurche verläuft nicht in kontinuierlicher Tiefe, sondern sie wird von der Querfurche durch zwei Querleisten nahezu aufgehoben. Zwischen diesen Querleisten und vor der mesialen findet sich jeweils ein Grübchen. — Maße: Kronenlänge 5,1; Kronenbreite 11,5; Kronendicke 11,3 mm.

## II. Tabellen der Maße und Vergleichszahlen.

Alle Maße in Millimeter.

| | | | Totale Länge | Kronenlänge oder -höhe | | Kronenbreite (mesiodistaler Durchmesser) | Kronendicke (labiolingualer Durchmesser) | Labiolingualer Wurzeldurchmesser | Mesiodistaler Wurzeldurchmesser |
|---|---|---|---|---|---|---|---|---|---|
| **J 1 inf.** | | | | | | | | | |
| (Taf. VIII. Fig. 25 u. 26) | | | | | | | | | |
| Homo | Heidelberg. | dext. | 23,2 | 7,5 | stark abgekaut | 5,5 | 7,1 | 7,2 | 4,2 |
| » | » | sin. | — | 6,9 | | 5,0 | 7,1 | 7,2 | 4,1 |
| Krapina [XXIV.] | | | 26,0 | 10,2 | im Gebrauch gewesen | 6,2 | 8,1 | — | — |
| Spy | I [XXV.] | | — | — | sehr stark abgekaut | 4,0 | 7,0 | — | — |
| » | II | | 22,5 | 5,5 | | 6,0 | 7,5 | — | — |
| Ochos | dext. [XXVI.] | | — | — | | 5,0 | 7,5 | — | — |
| » | sin. | | — | — | | 5,0 | 7,7 | — | — |
| Recenter Europäer | | | | | | | | | |
| nach | Mühlreiter [XXVII.] | | 18–27 | 7,9–11,5 | | 4,7–6,3 | 5,2–6,8 | — | — |
| » | Black [XXVIII.] | | — | 7,0–10,5 | | 5,0–6,0 | 5,5–6,5 | — | — |
| | | | | | | | | | |
| **J 2 inf.** | | | | | | | | | |

| | | | | | | | |
|---|---|---|---|---|---|---|---|
| (Fig. 24 u. 27) | | | | | | | |
| Homo Heidelberg. dext. | — | 8,0 | stark abgekaut | 6,0 | 7,8 | 7,9 | 4,5 |
| » » sin. | — | 8,2 | | 6,3 | 7,7 | 7,6 | — |
| Krapina | 26,5 | 10,0 | im Gebrauch gewesen | 7,5 | 8,2 | — | — |
| Spy I | — | — | sehr stark abgekaut | 5,0 | 7,0 | — | — |
| » II | — | 6,0 | | 6,0 | 8,0 | — | — |
| Ochos dext. | — | — | | 6,5 | 8,0 | — | — |
| » sin. | — | — | | 5,5 | 8,2 | — | — |
| Recenter Europäer | | | | | | | |
| nach MÜHLREITER | 19–29 | 8,2–11,8 | | 5,0–7,2 | 5,4–7,2 | — | — |
| » BLACK | — | 7,0–12,0 | | 5,0–6,5 | 6,0–7,5 | — | — |

| | Totale Länge | Kronenlänge oder -höhe | | Kronenbreite (mesiodistaler Durchmesser) | Kronendicke (labiolingual. bzw. buccaler Durchmesser) |
|---|---|---|---|---|---|
| **C inf.** (Fig. 22 u. 23) | | | | | |
| Homo Heidelbergensis dext. | — | 8,7 | stark abgekaut | 7,6 | 9,0 |
| » » sin. | — | 8,9 | | 7,7 | 9,0 |
| Krapina im Gebrauch gewesen | 35,2 | 13,4 | | 8,0–8,4 | etwa 10,0 |
| Krapina noch nicht im Gebrauch gewesen | — | 12,3–14,0 | | 7,55–8,2 | 8,2–10,0 |
| Spy I | — | — | sehr stark abgekaut | 6,0 | 8,0 |
| » II | — | 7,0 | | 7,5 | 9,0 |
| Ochos dext. | — | — | | 7,5 | 9,5 |
| » sin. | — | — | | 7,0 | 9,6 |
| Recenter Europäer | | | | | |
| nach MÜHLREITER | 20–34 | 8,5–14,5 | | 5,5–8,0 | 6,9–9,5 |

| | | | | | | | |
|---|---|---|---|---|---|---|---|
| » | Black | | — | 8,0–12,0 | | 5,0–9,0 | 6,0–10,0 |
| | | | | | | | |
| Dryopithecus Fontani Lartet[XXIX.] (Saint Gaudens) | | | — | 15,5<br>18(?) | labial<br>lingual | 9,5 | 11,5 |
| | | | | | | | |
| **P 1 inf.** (Fig. 22 u. 28) | | | | | | | |
| Homo | Heidelbergensis | dext. | — | 8,0 | mäßig stark abgekaut | 8,1 | 9,0 |
| » | » | sin. | — | ? | | 7,3 | ? |
| Krapina | im Gebrauch gewesen | | 23,7–27,0 | 8,6–9,0 | | 7,8–8,3 | 9,0–10,0 |
| Krapina | noch nicht im Gebrauch gewesen | | — | 10,2 | | 8,1 | 8,5 |
| Spy | I | | — | 5,0 | sehr stark abgekaut | 6,5 | 8,5 |
| » | II | | — | 6,0 | | 7,5 | 9,0 |
| Ochos | dext. | | — | — | | 7,5 | 9,6 |
| » | sin. | | — | — | | 7,0 | 9,9 |
| Recenter Europäer | | | | | | | |
| nach | Mühlreiter | | 18,5–27,0 | 7,5–11,0 | | 6,0–8,0 | 6,7–8,9 |
| » | Black | | — | 6,5–9,0 | | 6,0–8,0 | 7,0–8,0 |
| | | | | | | | |
| Dryopithecus Fontani Lartet[XXIX.] (Saint Gaudens) | | | — | 10,0 labial | | 13,0 | 7,5 Dies. Zahn hat eine schiefe Stellung |
| | | | | | | | |
| **P 2 inf.** (Fig. 22 u. 29) | | | | | | | |
| Homo | Heidelbergensis | dext. | — | 6,7 | | 7,5 | 9,2 |

| | | | | | | | | |
|---|---|---|---|---|---|---|---|---|
| » | » | sin. | — | — | etwas abgekaut | — | — | |
| Krapina | im Gebrauch gewesen | | 25,9 | 8,0 | | 8,5 | 9,9 | |
| Krapina | noch nicht im Gebrauch gewesen | | — | 7,7 | | 8,35 | 9,55 | |
| Spy | I | | — | 5,0 | | 5,0 | 6,5 | 8,0 |
| » | II | | — | 7,0 | 7,0–7,5 | 9,0 | | |
| Ochos | dext. | | — | — | | 7,0 | 9,7 | |
| » | sin. | | — | — | | 6,5 | 9,3 | |
| Recenter Europäer | | | | | | | | |
| nach | MÜHLREITER | | 19,0–27,5 | 6,9–10,0 | | 6,2–8,8 | 7,9–9,0 | |
| » | BLACK | | — | 6,0–10,0 | | 6,5–8,0 | 7,9–9,0 | |
| | | | | | | | | |
| Dryopithecus Fontani Lartet[XXIX.] (Saint Gaudens) | | | — | 7,0<br>5,5 | labial<br>lingual | 8,5 | 7,5 | der Zahn steht schief wie P 1 |

| | | | Totale Länge | Kronenlänge oder -höhe | | Kronenbreite (mesiodistaler Durchmesser) | Kronendicke (buccolingualer Durchmesser) | Breite:Dicke wie |
|---|---|---|---|---|---|---|---|---|
| **M 1 inf.** (Fig. 22 u. 30) | | | | | | | | |
| Homo | Heidelbergens. | dext. | — | 5,1 | stark abgekaut | 11,6 | 11,2 | 100:96,6 |
| » | » | sin. | — | — | | etwa 11,1 | — | — |
| Krapina | im Gebrauch gewesen | | 19,3–26,4 | 6,5–9,4 | | 11,2–13,8 | 10,5–12,4 | 100:107,1[XXX.] |
| » | noch nicht im Gebrauch gewesen | | — | 6,5–9,0 | | 12,4–13,4 | 10,8–12,4 | — |
| Spy | I | | — | 5,0 | sehr stark abgekaut | 10,0 | 10,5 | 100:105 |
| » | II | | — | 5,0 | | 11,0–11,5 | 11,0–11,5 | 100:100 |
| Ochos | dext. | | — | — | | 11,5 | 11,0 | 100:95,7 |

| | | | | | | | | |
|---|---|---|---|---|---|---|---|---|
| » | sin. | | — | — | | 12,0 | 11,2 | 100:93,3 |
| Recenter Europäer | | | | | | | | |
| nach | MÜHLREITER | | 18,3–26,0 | 7,0–9,0 | | 10,0–12,2 | 9,0–11,0 | |
| » | BLACK | größte | — | 10,0 | | 12,0 | 11,5 | |
| | | mittel | — | 7,7 | | 11,2 | 10,3 | 100:92 |
| | | kleinste | — | 7,0 | | 11,0 | 10,0 | |
| Taubach[XXXI] | | | — | — | | 11,7 | 9,9 | 100:84,6 |
| | | | | | | | | |
| Dryopithecus Fontani Lartet (Saint Gaudens) | | | — | 5,0<br>6,0 | labial<br>lingual | 10,5 | 9,0 | 100:84,6 |
| Chimpanse | | | — | — | | 11,4 | 10,3 | 100:90,3 |
| Orang | | | — | — | | 12,8 | 11,8 | 100:92,2 |
| » | | | — | — | | 14,9 | 13,0 | 100:87,2 |
| Gorilla | | | — | — | | 15,3 | 13,5 | 100:88,2 |
| Hylobates | leuciscus | | — | — | | 6,0 | 15,0 | 100:83,3 |
| » | syndactylus | | — | — | | 8,0 | 5,8 | 100:72,5 |
| | | | | | | | | |
| **M 2 inf.** (Fig. 22 u. 31) | | | | | | | | |
| Homo | Heidelbergens. | dext. | — | 5,2 | stark abgekaut | 12,7 | 12,0 | 100:94,5 |
| » | » | sin. | — | 6,0 | | etwa 12,9 | ? | — |
| Krapina | im Gebrauch gewesen | | 19,9–21,0 | 6,8–7,5 | | 11,4–12,5 | 10,6–11,4 | 100:92,7[XXXII.] |
| » | noch nicht im Gebrauch gewesen | | — | 6,2–8,0 | | 10,7–12,1 | 10,3–11,0 | — |
| Spy | I | | — | 5,0 | sehr stark abgekaut | 10,0 | 10,0 | 100:100 |
| » | II | | — | 5,5–6,0 | | 11,0 | 11,0 | 100:100 |
| Ochos | dext. | | — | — | | 12,0 | 12,2 | 100:101,6 |
| » | sin. | | — | — | | 12,0 | 11,5 | 100:95,8 |
| Recenter Europäer | | | | | | | | |
| nach | BLACK | größte | — | 8,0 | | 11,0 | 10,5 | |

| | | | | | | | | |
|---|---|---|---|---|---|---|---|---|
| | | mittel | — | 6,9 | | 10,7 | 10,1 | 100:94,4 |
| | | kleinste | — | 6,0 | | 10,0 | 9,5 | |
| | | | | | | | | |
| Dryopithecus Fontani Lartet (Saint Gaudens) | | | — | 5<br>6 | buccal,<br>lingual | 12,0 | 10,5 | 100:87,5 |
| Isolierter Zahn derselben Species, wenig abgekaut | | | — | 6<br>6 | buccal,<br>lingual | 11,5 | 10,5 | 100:91,3 |
| Dryopithecus rhenanus Pohlig sp. | | | | | | | | |
| BRANCO, Taf. II, Fig. 1[XXXIII.] | | | — | — | | 13,1 | 11,0 | 100:84,0 |
| | | 5 | — | — | | 11,8 | 9,8 | 100:83,0 |
| | | 6 | — | — | | 11,0 | 9,3 | 100:84,5 |
| nicht abgebildet | | | — | — | | 11,0 | 9,2 | 100:83,5 |
| Chimpanse | | | — | — | | 12,0 | 11,2 | 100:93,9 |
| Orang | | | — | — | | 15,5 | 13,9 | 100:90,0 |
| Gorilla | | | — | — | | 16,0 | 14,6 | 100:88,2 |
| Hylobates | leuciscus | | — | — | | 6,7 | 5,6 | 100:83,6 |
| » | » | | — | — | | 6,6 | 6,0 | 100:90,9 |
| » | syndactylus | | — | — | | 8,5 | 7,0 | 100:82,3 |
| | | | | | | | | |
| **M 3 inf.** (Fig. 22 u. 23) | | | | | | | | |
| Homo | Heidelbergens. | dext. | — | 5,3 | mäßig stark abgekaut | 12,2 | 10,9 | 100:89,3 |
| » | » | sin. | — | 5,1 | stark abgekaut | etwa 11,5 | 11,3 | 100:98,3 |
| Krapina | im Gebrauch gewesen | | 21,0–24,5 | 6,8–7,6[XXXIV.] | | 11,1–13,6 | 10,0–11,0 | 100:96,1[XXXV.] |
| Spy | I | | — | 5,5 | | 10,0 | 10,0 | 100:100 |
| » | II | | — | 7,0–7,5 | | 11,0–12,0 | 11,0–12,0 | 100:100 |
| Ochos sin.[XXXVI.] | | | — | — | | 12,0 | 12,0 | 100:100 |
| Recenter Europäer | | | | | | | | |
| nach | BLACK | größte | — | 8,0 | | 12,0 | 10,5 | |

| | | | | | | | | |
|---|---|---|---|---|---|---|---|---|
| | | mittel | — | 6,7 | | 10,7 | 9,8 | 100:91,6 |
| | | kleinste | — | 6,0 | | 8,0 | 9,0 | |
| | | | | | | | | |
| Dryopithecus Fontani Lartet (Saint Gaudens) | | | — | 6<br>6 | buccal,<br>lingual | 11,5 | 10,0 | 100:91,3 |
| Isolierter Zahn derselb. Spezies, nur wenig abgekaut | | | — | 6<br>6 | buccal,<br>lingual | 11,5[XXXVII.] | 10,5 | 100:91,3 |
| Anthropodus Brancoi Schlosser n. g. (— Neopithecus Abel n. g.)[XXXVIII.] | | | — | — | | 10,5 | 8,25 | 100:78,6 |
| Orang | | | — | — | | 14,6 | 12,8 | 100:87,7 |
| Gorilla | | | — | — | | 16,2 | 14,0 | 100:86,4 |
| Hylobates | leuciscus | | — | — | | 5,9 | 5,2 | 100:88,1 |
| » | » | | — | — | | 5,1 | 5,7 | 100:111 |
| » | syndactylus | | — | — | | 8,7 | 6,9 | 100:79,3 |

## III. Die Höcker der Molaren.

Die Anzahl der Höcker der Molaren des Heidelberger Unterkiefers sind schon in der Beschreibung der einzelnen Zähne angegeben. Sie werden hier der Übersicht halber nochmals zusammengestellt:

| | M 1 | M 2 | M 3 |
|---|---|---|---|
| Rechts | 5 | 5? | 5 |
| Links | 5 | 5 | ? |

Ich habe schon die Gründe aufgeführt, weshalb ich es für wahrscheinlich halte, daß Heidelberg M 2 dext. ebenfalls fünfhöckerig ist. — Bei den Unterkiefern von Spy und Ochos sind diese Verhältnisse infolge der starken Abnutzung der Kaufläche nicht genügend zu erkennen. Dagegen war es möglich, an den Zähnen des Krapinamenschen wertvolle Beobachtungen anzustellen, die GORJANOVIĆ-KRAMBERGER in seiner Monographie S. 194 und 200, sowie im Anatomischen Anzeiger 1907 S. 100–103 veröffentlicht und bezüglich der unteren Molaren in folgende Tabelle zusammengefaßt hat:

M 1 M 2 M 3

| Anzahl der Zähne | Höcker | Anzahl der Zähne | Höcker | |
|---|---|---|---|---|
| 9 | 5 | 1 | 5 | Variabel oder |
| 2 | 4½ | 5 | 4½ | die Krone |
| 1 | 4 | 5 | 4 | stark gefurcht |

Über die Anzahl der Höcker der Molaren bei den recenten Menschenrassen finden sich in der Literatur zahlreiche Angaben. Aus den von M. DE TERRA, Beiträge zu einer Odontographie der Menschenrassen, S. 136, aufgestellten Tabellen seien hier nur einige Zahlen angeführt, die auf den Fünfhöckertypus Bezug haben:

| Molaren mit fünf Höckern haben: | | | | | | |
|---|---|---|---|---|---|---|
| | Anzahl der Zähne | M 1 % | Anzahl der Zähne | M 2 % | Anzahl der Zähne | M 3 % |
| Prähistorischer Schweizer | 26 | 88,4 | 26 | 7,69 | 17 | 64,7 |
| Recente Europäer | 26 | 88,4 | 31 | 6,25 | 31 | 38,7 |
| Nordamerikanische Indianer | 8 | 8mal[XXXIX.] | 8 | 6mal | 5 | 5mal |
| Südamerik. Indianer (Peruaner) | 12 | 12mal | 8 | 4mal | 4 | 4mal |
| Negroide Afrikaner | 108 | 93,4 | 104 | 33,6 | 95 | 68,4 |
| Nicht negroide Afrikaner | 71 | 81,6 | 76 | 14,5 | 61 | 47,37 |
| Malaien | 49 | 100,0 | 46 | 26,1 | 43 | 67,4 |
| Chinesen | 26 | 88,4 | 24 | 25,0 | 25 | 60,0 |
| Papua | 18 | 83,3 | 20 | 30,0 | 14 | 85,7 |

| Australier | 15 | 100,0 | 15 | 73,3 | 9 | 66,6 |
|---|---|---|---|---|---|---|

## IV. Die Pulpahöhlen.

Es sollen nun noch die offen liegenden Pulpahöhlen der auf Taf. VIII, Fig. 23 abgebildeten linken Unterkieferhälfte des Homo Heidelbergensis einer Betrachtung unterzogen werden: Bei P 1 verläuft die Bruchfläche auf der lingualen Seite horizontal, auf der buccalen senkt sie sich schräg nach unten, so daß das Cavum dentis schräg durchschnitten ist. Man kann aber noch die Gestalt desselben in der Horizontale an der Grenze zwischen Wurzel und Krone rekonstruieren, die ein linguobuccal 3,5 mm langes und mesiodistal 1,9 mm breites Oval darstellt, das einem Ameisenpuppenkokon in der Form ähnelt. Die Krone von P 2 ist horizontal abgeschlagen. Der ähnlich wie bei P 1 gestaltete Durchschnitt mißt linguobuccal 4,0 mm, mesiodistal 2,0 mm. Die Stärke der Wandung schwankt zwischen 2,0–2,5 mm.

Von den beiden Molaren sind die Kronen ebenfalls nahezu horizontal abgetrennt. Die linguale und buccale Wand der Pulpenkammern sind nahezu geradlinig und parallel zueinander. Bei M 1 zeigt die mesiale Wand eine distalwärts, also in das Innere des Cavum dentis gerichtete Biegung, während die gegenüberliegende Wand distalwärts nach außen gebogen ist. Infolgedessen vollzieht sich innerhalb der Zahnhöhle der Übergang in die Parallelwände bei der mesialen Wand in einem spitzen Winkel, bei der distalen stumpfwinkelig. Außerhalb der Pulpenkammer sind die Ecken abgerundet. Im Querschnitt zeigt diese mesiodistal gemessen 4,3 mm, linguobuccal sogar 4,8 mm. Die Dicke der Wandung schwankt zwischen 2,1 und 2,2 mm.

Der Boden der Pulpenkammer ist unregelmäßig höckerig. Es läßt sich nicht entscheiden, inwieweit fremde Ablagerungen auf demselben stattgefunden haben. Die Eingänge zu den Wurzelkanälen sind nicht ordentlich erkennbar. Das Dach der Pulpenhöhle zeigt, von unten betrachtet, wie bereits erwähnt, fünf der Kaufläche zugewendete Ausstülpungen, die den Höckern entsprechen und von einer kreuzförmigen Erhebung umgeben sind.

Bei M 2 verläuft die mesiale Wand der Pulpenkammer geradlinig, während die gegenüberliegende distalwärts gleichmäßig gewölbt ist. Der Übergang von der mesialen Wand in die Parallelwände vollzieht sich daher in einem leicht abgerundeten rechten Winkel, während die distale Wand mit den Parallelwänden einen Rundbogen bildet. Diese zeigen entsprechend der Wurzelteilung in der Mitte eine leichte Einsenkung, die auf der buccalen Seite nach unten hin zu verfolgen ist, ähnlich wie bei M 1. Der Pulpenboden läßt deutlich traubenförmig aufgelagerte mineralische Bestandteile erkennen. Von unten betrachtet zeigt das Pulpenkammerdach die bereits erwähnten, den Höckern entsprechenden fünf Ausstülpungen, die wie bei M 1 von einer kreuzförmigen Erhebung umgeben sind. Im Querschnitt mißt das Cavum dentis mesiodistal 6,3 mm und linguobuccal 5,7 mm. Die Dicke der Wandung schwankt zwischen 1,8 und 2,4 mm.

Maßangaben des Querschnittes der Pulpahöhle und der Dentinwand an der Grenze zwischen Wurzel und Krone (Kronenbasis) beim Unterkiefer des Homo Heidelbergensis und des recenten Europäers.

| | | Erster unterer Prämolar | | Zweiter unterer Prämolar | | Erster unterer Molar | | Zweiter unterer Molar | |
|---|---|---|---|---|---|---|---|---|---|
| | | Durchmesser der Pulpahöhle | Dicke der Wandung | Durchmesser der Pulpahöhle | Dicke der Wandung | Durchmesser der Pulpahöhle | Dicke der Wandung | Durchmesser der Pulpahöhle | Dicke der Wandung |
| Homo Heidelbergensis | | | | | | | | | |
| Linguobuccal. | | 3,5 | 2,5 | 4,0 | 2,1 | 4,8 | 2,2 | 5,7 | 2,4 |
| Mesiodistal. | | 1,9 | 2,0 | 2,0 | 2,0 | 4,3 | 2,1 | 6,3 | 1,8 |
| Rec. Europäer[XL.] | | | | | | | | | |
| 6–14 | Jahre | — | — | — | — | 4,087[XLI.] | 1,687 | 4,000 | 1,700 |
| 17–23 | » | 2,260 | 2,160 | 2,475 | 2,087 | 4,125[XLII.] | 2,012 | 3,900 | 2,037 |
| 23–32 | » | 2,412 | 2,200 | 2,550 | 2,171 | 3,750 | 2,200 | 4,275 | 2,087 |
| 32–43 | » | 1,940 | 2,340 | 2,120 | 2,086 | 3,625 | 2,300 | 3,685 | 2,157 |
| 44–52 | » | 2,050 | 2,200 | 2,166 | 2,133 | — | — | 3,933 | 2,300 |
| 53–66 | » | 1,850 | 2,100 | 2,300 | 2,166 | — | — | 3,760 | 2,500 |

## V. Röntgenbilder.

Auf Taf. IX sind in Fig. 32 und 36 Röntgenbilder der rechten und linken Unterkieferhälfte des Homo Heidelbergensis wiedergegeben, denen zum Vergleich in Fig. 39 und 40 die mittels Röntgenstrahlen durchleuchteten Kieferhälften eines recenten Europäers beigefügt sind, der annähernd dasselbe Lebensalter erreicht hat, wie das Individuum von Heidelberg. Da bei der bedeutenden Dicke des Unterkieferkörpers des letzteren die Wurzeln der Molaren nicht deutlich genug hervortreten, so wurden die betreffenden Stellen nochmals durchleuchtet. Von diesen Aufnahmen, sowie von denjenigen der Incisiven bringen Fig. 33, 34, 35, 37 und 38 eine Reproduktion.

Der in der Seitenansicht sehr breite Wurzelkanal der Incisivi (Fig. 34, 35 und 38) zeigt am untersten Viertel eine Verbreiterung mit einer centralen Einlagerung, so daß es den Anschein hat, als ob sich der Kanal gabelt. In der Vorderansicht verschwindet die Erscheinung durch Deckung.

Die Canini zeigen auch im Wurzelteil einen sehr breiten Kanal, der indes keine Andeutung einer Gabelung aufweist. Bei einem Vergleich mit Fig. 39 tritt der beträchtliche Unterschied in der Weite der Pulpahöhle und des Wurzelkanals sehr deutlich hervor.

Was die Praemolares und Molares unseres Fossils anbelangt, so verweisen wir bezüglich der Weite der Pulpahöhlen auf die von uns angeführten Maße von P 1 und 2, sowie M 1 und 2 der linken Kieferhälfte. Bei der Betrachtung des Röntgenbildes ergibt sich, daß P 1 sin. (Fig. 36) an der Grenze zwischen dem oberen und zweiten Drittel der Wurzel eine Einlagerung zeigt, welche den Wurzelkanal in zwei Teile zu trennen scheint. Diese Gabelung läßt sich ziemlich weit nach unten verfolgen, wird dann aber undeutlich. Bei P 1 dext. (Fig. 32) findet man die gleiche Einlagerung, aber erst in der Mitte der Wurzel beginnend. Bei den beiden zweiten Prämolaren ist diese Erscheinung auf dem Röntgenbilde nicht zu beobachten.

Während bei den ersten und zweiten Molaren die beiden Wurzelspitzen (Fig. 32, 33, 36 und 37) ziemlich parallel verlaufen mit einer distal gerichteten Krümmung, divergieren sie nicht unbedeutend bei M 3: die vordere steht ziemlich senkrecht, die hintere ist distalwärts gebogen. Die Wurzelspitzen sind vom Canalis alveolaris bei M 1 beträchtlich weit entfernt, bei M 2 kommen sie dem Kanal bedeutend näher — es ist jedoch immer noch eine Spongiosaschicht zwischen Wurzelspitze und Kanal zu erkennen —, bei M 3 ragen sie Fig. 33 und 37 zufolge in den Kanal hinein. Ob dies jedoch wirklich der Fall ist, oder ob nicht vielmehr durch die Projektion bloß der Anschein, daß dem so sei, erweckt wird, entzieht sich exakter Entscheidung.

Fußnoten:

[XXIII.] Diese niedrigen Zahlen sind durch die Abnutzung bedingt. Die Kronenlänge ist stets an der Lippenfläche in der Mittellinie gemessen.

[XXIV.] Nach GORJANOVIĆ-KRAMBERGER, Der Diluviale Mensch von Krapina, S. 203.

[XXV.] FRAIPONT u. LOHEST, Recherches ethnographiques sur des ossements humains découverts à Spy.

[XXVI.] Alle Maße der Zähne von Ochos nach gütiger brieflicher Mitteilung von Prof. A. RZEHAK in Brünn.

[XXVII.] G. MÜHLREITER, Anatomie des menschlichen Gebisses S. 121.

[XXVIII.] G. V. BLACK — nicht BLAKE, wie einige Autoren schreiben —, Descriptive Anatomy of the human teeth, zitiert von A. GYSI, Schweiz. Vierteljahrsschrift Bd. V. No. 1, 1895 und von W. BRANCO, Die menschenähnlichen Zähne aus dem Bohnerz der Schwäbischen Alb, Stuttgart, 1898. Letzterem Werke entnehme ich auch die Zahnmaße von Dryopithecus rhenanus Pohlig und den recenten Anthropoiden. Die BLACKschen Maße stützen sich auf die Gebisse der weißen amerikanischen Bevölkerung, welche aus einer Mischung der hauptsächlichsten europäischen Völker hervorgegangen ist.

[XXIX.] Alle Maße der mehr oder weniger im Gebrauch gewesenen Zähne des Dryopithecus Fontani Lartet nach gütiger brieflicher Mitteilung von M. EDOUARD HARLÉ in Bordeaux. — Die bei den Molaren noch hinzugefügten Maße von anderen fossilen und recenten Anthropoiden dürften ein willkommenes Vergleichsmaterial bieten.

[XXX.] Nach GORJANOVIĆ-KRAMBERGER, Mitt. d. anthropolog. Ges. in Wien 1901 S. 195. Auf S. 190 sind folgende Maße eines anderen M 1 inf. von Krapina mitgeteilt: Längsdurchmesser 13,4 mm und Querdurchmesser 12,3 mm. Bei diesem verhält sich also die Breite zur Dicke wie 100:91,8.

[XXXI.] Nach A. NEHRING, Zeitschr. f. Ethnologie 1895 Verh. S. 577.

[XXXII.] Siehe Anmerkung vorige Seite.

[XXXIII.] Die in Fig. 1 u. 6 von W. BRANCO abgebildeten und als M 2 bezeichneten Zähne können nach M. SCHLOSSER, Beiträge zur Kenntnis der Säugetiere aus den süddeutschen Bohnerzen S. 11, auch M 3 sein.

[XXXIV.] Diese Zahl fehlt bei GORJANOVIĆ-KRAMBERGER, Der diluviale Mensch von Krapina, in der Übersicht S. 203; sie findet sich aber S. 200.

[XXXV.] Nach GORJANOVIĆ-KRAMBERGER, Mitt. d. anthrop. Ges. Wien 1901, S. 193.

[XXXVI.] M 3 dext. fehlt bei dem Unterkiefer von Ochos.

[XXXVII.] Es fehlt ein kleiner Splitter am Schmelz, doch ließ sich das Maß noch ermitteln.

[XXXVIII.] Die Maße nach gütiger brieflicher Mitteilung von Prof. E. KOKEN, Tübingen.

[XXXIX.] DE TERRA hat hier wegen der geringen Anzahl der zur Verfügung gewesenen Zähne den Prozentsatz nicht ausgerechnet.

[XL.] Diese Zahlen geben das arithmetische Mittel an, das von K. TRUEB aus Einzelmaßen (jeweils bis zu acht) an Schliffpräparaten gewonnen wurde, wie solche auch J. SZABÓ für seine Arbeit „Die Größenverhältnisse des Cavum pulpae nach Altersstufen", Österr. ungar. Vierteljahrsschrift für Zahnheilkunde, Wien 1901, verwendet hat. Die von TRUEB benutzten Zähne wurden in dem unter Leitung von Prof. PORT stehenden zahnärztlichen Institut der Universität Heidelberg extrahiert.

[XLI.]6–9 Jahre.

[XLII.]11–14 Jahre.

---

## Literatur.


1. ADLOFF, P., Zur Frage nach der Entstehung der heutigen Säugetierzahnformen. Zeitschr. f. Morphologie u. Anthropologie, Bd. V. Heft 2. 1902.

2. — Einige Besonderheiten des menschlichen Gebisses u. ihre stammesgeschichtliche Bedeutung. Zeitschr. f. Morphologie u. Anthropologie, Bd. X. Heft 1. 1906.

3. — Die Zähne des Homo primigenius von Krapina und ihre Bedeutung für die systematische Stellung desselben. Zeitschr. f. Morphologie u. Anthropologie, Bd. X. Heft 2. 1907.

4. — Ausgestorbene Menschenaffen und ihre Beziehungen zum Menschen. Schriften d. physik.-ökonom. Ges. zu Königsberg i. Pr., XLVIII. Jahrg. 1907.

5. ANDREAE, A., Der Diluvialsand von Hangenbieten im Unter-Elsaß, seine geolog. u. paläontolog. Verhältnisse u. Vergleich seiner Fauna mit der recenten Fauna des Elsaß. (Abh. z. geolog. Specialkarte von Elsaß-Lothringen, Bd. IV. Heft II.) Straßburg 1884.

6. BAUME, R., Odontologische Forschungen. I. Teil. Versuch einer Entwicklungsgeschichte des Gebisses. Leipzig 1882.

7. — Die Kieferfragmente von La Naulette und aus der Schipkahöhle als Merkmale für die Existenz inferiorer Menschenrassen in der Diluvialzeit. Leipzig 1883.

8. BENECKE, W., Lagerung u. Zusammensetzung des geschichteten Gebirges am südlichen Abhang des Odenwaldes. Heidelberg 1869.

9. BENECKE, E. W. u. COHEN, E., Geognostische Beschreibung der Umgegend von Heidelberg, zugleich als Erläuterungen zur geognostischen Karte der Umgegend von Heidelberg (Sektionen Heidelberg u. Sinsheim). Straßburg 1879.

10. BLACK, G. V., Descriptive anatomy of the human teeth, Philadelphia (Jahreszahl ?), zitiert von A. GYSI, Die geometrische Konstruktion eines menschlichen, obern, bleibenden, normalen Gebisses mittlerer Größe. Schweiz. Vierteljahrsschrift, Bd. V. No. 1. 1895.

11. BRANCO, W., Die menschenähnlichen Zähne aus dem Bohnerz der schwäbischen Alb. II. Teil: Art u. Ursache der Reduktion der Gebisse bei Säugern. Programm der württemb. landwirtschaftl. Akademie Hohenheim. Stuttgart 1897.

12. — Die menschenähnlichen Zähne aus dem Bohnerz der schwäbischen Alb. I. Teil: Jahreshefte des Vereins f. vaterländ. Naturkunde in Württemberg 1898.

13. BRAUN, A., Vergleichende Zusammenstellung der lebenden u. diluvialen Molluskenfauna des Rheintals mit der tertiären des Mainzer Beckens. Bericht über die 20. Vers. der Ges. deutscher Naturforscher u. Ärzte zu Mainz 1842. S. 142.

14. COPE, E. D., On lemurine reversion in human dentition. The American Naturalist. Vol. XX, 1886.

15. DUPONT, E., Etudes sur les fossiles scientifiques exécutées pendant l'hiver de 1865–1866 dans les cavernes des bords de la Lesse. Bull. Acad. Roy. Belgique, 1866.

16. — Etude sur cinq cavernes de la Lesse et le ravin de Famignoul pendant l'été de 1866. Bull. Acad. Roy. Belgique, 1867.

17. — L'homme pendant les âges de la pierre dans les environs de Dinant sur Meuse. Bruxelles, 2 édit. 1872.

18. FRAIPONT, J. u. LOHEST, M., Recherches ethnographiques sur des ossements humains, découverts dans des dépôts quaternaires d'une grotte à Spy et détermination de leur âge géologique. Archives de Biologie. Bd. VII. Heft 3. 1887.

19. GAUDRY, A., Le Dryopithèque. Mémoires de la soc. géol. de France. Paléontologie 1890.

20. — Sur la similitude des dents de l'homme et de quelques animaux. L'Anthropologie. XII. 1901.

21. — Contribution à l'histoire des hommes fossiles. L'Anthropologie. XIV. 1903.

22. GORJANOVIĆ-KRAMBERGER, Der paläolithische Mensch u. seine Zeitgenossen aus dem Diluvium von Krapina in Kroatien, Vortrag; Mitt. d. anthrop. Ges. Wien (Sitzungsbericht). Bd. XXIX. 1889.

23. — Der diluviale Mensch aus Krapina in Kroatien. Mitt. d. anthrop. Ges. in Wien. Bd. XXX. 1900.

24. — Der paläolithische Mensch u. seine Zeitgenossen aus dem Diluvium von Krapina in Kroatien. Mitt. d. anthrop. Ges. Wien. Bd. XXXII. 1901. S. 164–197.

25. — Der paläolithische Mensch u. seine Zeitgenossen aus dem Diluvium von Krapina in Kroatien. Nachtrag als II. Teil. Mitt. d. anthrop. Ges. Wien. Bd. XXXII. 1902. S. 189–216.

26. — Der paläolithische Mensch u. seine Zeitgenossen aus dem Diluvium von Krapina in Kroatien. Zweiter Nachtrag als III. Teil. Mitt. d. anthropolog. Ges. Wien. Bd. XXXIV. 1904. S. 187–199.

27. — Die Variationen am Skelette der altdiluvialen Menschen. Vortrag, gehalten auf der Wanderversammlung der Wiener anthropolog. Gesellschaft in Agram am 22. Mai 1904.

28. — Der paläolithische Mensch u. seine Zeitgenossen aus dem Diluvium von Krapina in Kroatien. Dritter Nachtrag als IV. Teil. Mitt. d. anthrop. Ges. Wien 1905. S. 197–229.

29. — Der diluviale Mensch von Krapina u. sein Verhältnis zum Menschen von Neandertal u. Spy. Biologisches Zentralblatt. Bd. XXV. 1905. Nr. 23 u. 24.

30. — Der diluviale Mensch von Krapina in Kroatien. Ein Beitrag zur Paläoanthropologie. Studien über die Entwicklungsmechanik des Primatenskelettes mit bes. Berücksichtigung der Anthropologie u. Deszendenzlehre, herausg. von O. WALKHOFF. II. Lieferung. Wiesbaden 1906.

31. — Die Kronen u. Wurzeln der Mahlzähne des Homo primigenius und ihre genetische Bedeutung. Anatom. Anzeiger. XXX. Band. Nr. 4 u. 5. 1907.

32. — 1906. Der Unterkiefer von Ochos aus Mähren und sein Verhältnis zu den Unterkiefern des Homo primigenius. Referat Geolog. Zentralbl. 1907. Bd. IX. S. 93.

33. — Bemerkungen zu ADLOFF. „Die Zähne des Homo primigenius von Krapina". Anatom. Anzeiger. XXXII. Bd. Nr. 6 u. 7. 1908. S. 145–156.

34. HAHNE, H. u. WÜST, E., Die paläolithischen Fundschichten und Funde der Gegend von Weimar. Vorläufige Mitteilung. Centralbl. f. Min., Geol. u. Paläontologie. 1908. S. 197–210.

35. HARLÉ, EDOUARD, Une mâchoire de dryopithèque. Bull. Soc. géolog. de France. 1898. p. 377.

36. — Nouvelles pièces de dryopithèque et quelques coquilles de Saint-Gaudens (Haute Garonne). Bull. Soc. géolog. de France. 1899. p. 304.

37. KINKELIN, F., Der Pliocänsee des Rhein- u. Maintales u. die ehemaligen Mainläufe, ein Beitrag zur Kenntnis der Pliocän- u. Diluvial-Zeit des westlichen Mitteldeutschlands. Ber. ü. d. Senckenbergische naturforschende Gesellschaft, Frankfurt a./M. 1888/89. 161 S.

38. — Die Tertiär- u. Diluvial-Bildungen des Untermaintales, der Wetterau u. d. Südabhanges des Taunus, herausg. v. d. K. Preuß. geolog. Landesanstalt. Berlin 1892. 302 S.

39. KLAATSCH, H., Die Stellung des Menschen in der Primatenreihe und der Modus seiner Hervorbringung aus einer niederen Form. Korr.-Bl. d. deutsch. Ges. f. Anthrop., Ethn. u. Urgesch. 1899.

40. — Die fossilen Knochenreste des Menschen und ihre Bedeutung für das Abstammungs-Problem. MERKEL u. BONNET, Ergebnisse der

Anatomie u. Entwicklungsgeschichte. IX. Band. 1899. Wiesbaden 1900.

41. — Über die Ausprägung der spezifisch menschlichen Merkmale in unserer Vorfahrenreihe. Korr.-Bl. d. Deutsch. anthropolog. Ges. Nr. 10. 1901.

42. — Entstehung u. Entwicklung des Menschengeschlechts. Weltall u. Menschheit, herausg. v. H. KRÄMER. Bd. II. 1902.

43. — Anthropolog. u. paläolith. Ergebnisse einer Studienreise durch Deutschland, Belgien und Frankreich. Zeitschr. f. Ethnol. 1903.

44. KLAATSCH, H., Bericht über einen anthropolog. Streifzug nach London u. auf das Plateau von Süd-England. Zeitschr. f. Ethnol. 1903.

45. — Die Fortschritte der Lehre von den fossilen Knochenresten des Menschen in den Jahren 1900 bis 1903. MERKEL u. BONNET, Ergebnisse der Anatomie u. Entwicklungsgeschichte. Bd. XII. 1903.

46. — Schlußbericht über meine Reise nach Australien in den Jahren 1904–7. Zeitschr. f. Ethnol. 1907.

47. — Das Gesichtsskelett der Neandertalrasse und der Australier. Verh. d. anatom. Ges. auf der 22. Vers. in Berlin 1908.

48. — Cranio-Morphologie u. Cranio-Trigonometrie. Vortrag, gehalten auf der XXXIX. allgem. Vers. d. Deutschen anthropolog. Ges. in Frankfurt a. M., Korr.-Bl. d. Deutschen Gesellschaft f. Anthropologie, Ethnologie u. Urgeschichte, 1908.

49. LE DOUBLE, Traité des variations des os du crâne de l'homme et de leur signification au point de vue de l'anthropologie zoologique. Paris 1903.

50. MEYER, H. V., Über fossile Reste von Ochsen. Nova acta Acad. Leopold. Carol. XVII. Halle 1835.

51. — Mitteilungen an Prof. BRONN. Neues Jahrb. f. Min. 1842 S. 583 u. 1843, S. 579.

52. — Die diluvialen Rhinoceros-Arten, Palaeontographica. 1864. Bd. XI.

53. MÖLLER, H., Über Elephas antiquus Falc. u. Rhinoceros Merckii als Jagdtiere des altdiluvialen Menschen in Thüringen und über das erste Auftreten des Menschen in Europa. Zeitschr. f. Naturwissenschaft. Jena 1900.

54. MORTILLET, G. DE, Le Préhistorique, Origine et antiquité de l'homme. 2. éd. Paris 1885.

55. MÜHLREITER, E., Anatomie des menschlichen Gebisses. Leipzig 1891.

56. NEHRING, A., Übersicht über 24 mitteleuropäische Quartärfaunen. Zeitschr. d. Deutschen geolog. Ges. 1880.

57. — Über einen fossilen Menschenzahn aus dem Diluvium von Taubach bei Weimar. Zeitschr. f. Ethnologie 1905. Verh. S. 338.

58. — Über einen diluvialen Kinderzahn von Predmost in Mähren unter Bezugnahme auf den schon früher beschriebenen Kinderzahn aus dem Diluvium von Taubach bei Weimar. Zeitschr. f. Ethnologie 1905. Verh. S. 425.

59. — Über einen menschlichen Molar aus dem Diluvium von Taubach bei Weimar. Zeitschr. f. Ethnologie 1905. Verh. S. 573.

60. PAGENSTECHER, A., Studien zum Ursprung des Rindes, mit einer Beschreibung der fossilen Rinderreste des Heidelberger Museums. FRÜHLINGS landwirtschaftliche Zeitung. XXVII. II. Heft. Jahrg. 1878.

61. POHLIG, H., Dentition u. Kraniologie des Elephas antiquus Falc. mit Beiträgen über Elephas primigenius Blum. u. Elephas meridionalis Nesti. Nova acta Acad. Leopold. Carol. LIII. u. LVII. Halle 1889 u. 1892.

62. — Die Cerviden des thüringischen Diluvial-Travertines mit Beiträgen über andere diluviale und über recente Hirschformen. Palaeontographica XXXIX. Stuttgart 1892.

63. PORTIS, A., Über die Osteologie von Rhinoceros Merckii Jaeg. u. über die diluviale Säugetierfauna von Taubach bei Weimar. Palaeontographica. Bd. XXV. 1878.

64. REICHENAU, W. v., Über eine neue fossile Bären-Art Ursus Deningeri mihi aus den fluviatilen Sanden von Mosbach. Jahrb. d. Nassauischen Vereins f. Naturk. Jahrg. 75. 1904. S. 1–11.

65. — Beiträge zur näheren Kenntnis der Carnivoren aus den Sanden von Mauer und Mosbach, Abh. d. Großh. Hessischen geologischen Landesanstalt, Bd. IV. Heft 2. Darmstadt 1906. S. 185–313.

66. RÖSE, C., Über die Entstehung u. Formenveränderungen der menschlichen Molaren. Anatomischer Anzeiger. Jena 1892. S. 392–421.

67. RÜTIMEYER, L., Die Fauna der Pfahlbauten. Neue Denkschr. d. schweiz. naturf. Ges. XIX. Zürich 1862.

68. RZEHAK, A., Der Unterkiefer von Ochos. Ein Beitrag zur Kenntnis des altdiluvialen Menschen. Verh. d. naturf. Ver. Brünn. XLIV. Bd. 1906.

69. SANDBERGER, C. L. F., Die Land- u. Süßwasser-Conchylien der Vorwelt. Wiesbaden 1870/75.

70. SAUER, A., Erläuterungen zu Blatt Neckargemünd Nr. 32 d. geolog. Spezialkarte d. Großherzogtums Baden, herausg. v. d. Gr. Bad. geolog. Landesanstalt. Heidelberg 1898.

71. SCHEFF, JUL. jun., Über das Rudimentärwerden des Weisheitszahnes, Wiener medizin. Presse Nr. 37, 1887.

72. SCHLOSSER, M., Die neueste Literatur über die ausgestorbenen Anthropomorphen. Zoolog. Anzeiger. XXIII. Bd. Nr. 616. Leipzig 1900.

73. — Die menschenähnlichen Zähne aus dem Bohnerz der schwäbischen Alb. Zoolog. Anzeiger. XXIV. Bd. Nr. 643. Leipzig 1901.

74. — Beiträge zur Kenntnis der Säugetierreste aus den süddeutschen Bohnerzen. Geol. u. paläontolog. Abh., herausg. von E. KOKEN. N. F. Bd. V. Heft 3. Jena 1902.

75. SCHOETENSACK, O., Diluvial-Funde von Taubach bei Weimar. Erste Mitteilung über einen in dem dortigen Kalktuff aufgefundenen menschlichen Milchbackenzahn. Zeitschr. f. Ethnologie. 1895. Verh. S. 92 u. 338.

76. — Die neolithische Niederlassung bei Heidelberg. Zeitschr. f. Ethnologie 1899. Verh. S. 566 ff.

77. — Die Bedeutung Australiens für die Heranbildung des Menschen aus einer niederen Form. Verh. d. naturhistor. medizin. Ver. Heidelberg N. F. VII. Bd. 8. Heft. 1901 u. Zeitschr. f. Ethnol. 33. Jahrg. 1901.

78. — Über paläolithische Funde in der Gegend von Heidelberg. Ber. d. Oberrhein. geolog. Vereins. 35. Vers. zu Freiburg i./B. 1902.

79. — Beiträge zur Kenntnis der neolithischen Fauna Mitteleuropas mit bes. Berücksichtigung der Funde am Mittelrhein. Verh. d. naturh. medizin. Vereins zu Heidelberg. N. F. VIII. Bd. 1. Heft. 1904.

80. SCHRÖDER, H., Revision der Mosbacher Säugetierfauna. Jahrb. d. Nassauischen Vereins f. Naturkunde. Jahrg. 51. Wiesbaden 1898.

81. — Die Wirbeltierfauna des Mosbacher Sandes. I. Die Gattung Rhinoceros. Abh. d. K. Preuß. Geol. Landesanstalt. N. F. Heft 18. Berlin 1903.

82. SCHWALBE, G., Über die spezifischen Merkmale des Neandertalschädels. Verh. d. anatom. Ges. in Bonn 1901.

83. — Die Vorgeschichte des Menschen. Braunschweig 1904.

84. — Studien zur Vorgeschichte des Menschen. Sonderheft der Zeitschrift für Anthropologie u. Morphologie. 1906.

85. SCOTT, W. B., The evolution of the premolar teeth in the mammals. Proc. of the Academy of nat. science of Philadelphia. 1892.

86. SELENKA, E., Menschenaffen (Anthropomorphae), Studien über Entwicklung u. Schädelbau. I. Lief.: Rassen, Schädel u. Bezahnung des Orang-Utan. Wiesbaden 1898.

87. — Menschenaffen (Anthropomorphae), Studien über Entwickelung u. Schädelbau. II. Lief.: Schädel des Gorilla u. Schimpanse. Wiesbaden 1899.

88. — Menschenaffen (Anthropomorphae), Studien über Entwickelung u. Schädelbau. II. Lief.: Schädel des Gorilla u. Schimpanse. Wiesbaden 1899.

89. TERRA, M. DE, Mitteilungen zum Krapina-Fund unter besonderer Berücksichtigung der Zähne. Schweiz. Vierteljahrsschrift f. Zahnheilkunde. Bd. XIII. Nr. 1 u. 2. Zürich 1903.

90. — Beiträge zu einer Odontographie der Menschenrassen. Berlin 1905.

91. — Überblick über den heutigen Stand der Phylogenie des Menschen in bezug auf die Zähne. Deutsche Monatsschrift für Zahnheilkunde. Jahrg. XXIII. 1905.

92. TŐRÖK, A. v., Grundzüge einer systematischen Kraniologie. Stuttgart 1890.

93. TOLDT, C., Über einige Struktur- u. Formverhältnisse des menschlichen Unterkiefers. Corr.-Bl. d. Deutschen anthropolog. Ges. Nr. 10. 1904.

94. — Die Ossicula und ihre Bedeutung für die Bildung des menschlichen Kinnes. Sitzungsber. d. k. Akademie der Wissenschaften in Wien, Mathem.-naturw. Klasse. Bd. CXIV. Abt. III. Juli 1905.

95. TOPINARD, P., Les caractères simiens de la mâchoire de La Naulette. Revue d'anthropologie. 3 Sér. I. 1886. p. 385–431.

96. — De l'évolution des molaires et prémolaires chez les primates et en particulier chez l'homme. L'Anthropologie 1892. p. 641–710.

97. TURNER, WM., An australian skull with three supernumerary upper molar teeth. Journ. of Anatomy and Physiology. London. Vol. 34. 1900.

98. VIRCHOW, R., Der Kiefer aus der Schipka-Höhle und der Kiefer von La Naulette. Zeitschr. f. Ethnol. 1882. S. 277–310.

99. WALKHOFF, O., Der Unterkiefer der Anthropomorphen u. des Menschen in seiner funktionellen Entwicklung u. Gestalt (Menschenaffen — Anthropomorphae —, Studien über Entwicklung u. Schädelbau, herausg. von E. SELENKA). Wiesbaden 1902.

100. WEIDENREICH, FR., Die Bildung des Kinnes und seine angebliche Beziehung zur Sprache. Anatom. Anzeiger. 1904. Nr. 21.

101. WIEDERSHEIM, R., Der Bau des Menschen als Zeugnis für seine Vergangenheit. Tübingen 1908.

102. WÜST, E., Untersuchungen über das Pliocän u. das älteste Plistocän Thüringens. Abh. d. Naturf. Ges. zu Halle. Bd. XXIII. 1901.

103. — Neues über die paläolithischen Fundstätten in der Gegend von Weimar. S.-A. aus Zeitschr. f. Naturwissenschaften 1908.

104. ZUCKERKANDL, E., Anatomie der Mundhöhle mit besonderer Berücksichtigung der Zähne. Wien 1891.

---

## Tafel I.

**Ausschnitt aus der Geologischen Spezialkarte des Großherzogtums Baden, Blatt Neckargemünd.**

---

## Tafel I.

Ausschnitte aus der Geologischen Spezialkarte des Großherzogtums Baden, herausgegeben von der Großh. Badischen Geologischen Landesanstalt, Blatt 32 (Neckargemünd). Maßstab von Fig. 1 1:50000, Fig. 2 1:25000.

Erläuterung der Signaturen[XLIII.]:

| | | |
|---|---|---|
| *a*, | Jüngste Anschwemmungen der Haupt- und Nebentäler (Mergel, Lehm, Sand) | Jüngste Bildungen. |
| *dol*, | Verschwemmter Löß des Gehänges | Jungdiluviale Aufschüttungen. |
| *dlo*, | Jüngerer Löß | |
| *dle*, | Jüngerer Lößlehm | |
| *dla*, | Älterer Lößlehm | Mitteldiluviale Aufschüttungen. |

| | | |
|---|---|---|
| *dlu*, | Älterer Löß | |
| *dme*, | Sande und Kiese des Elsenzgebietes | |
| *dun*, | (großpunktiert) Sande von Mauer (alte Neckarkiese und Sande) | Altdiluviale Aufschüttungen. |
| *du*, | Höchstgelegene Buntsandsteinschotter | |
| *km1*, | Gipskeuper | Mittlerer (bunter) Keuper. |
| *ku3*, | Obere Dolomite und Tone | |
| *ku2*, | Sandstein | Unterer (grauer) Keuper, Lettenkohlengruppe. |
| *ku1*, | Untere Dolomite, Kalke und Schiefertone | |
| *mo2*, | Nodosuskalk | Oberer (Haupt-) Muschelkalk. |
| *mo1*, | Trochitenkalk | |
| *mm*, | Dolomit, Zellenkalk und Mergel | Mittlerer Muschelkalk. |
| *mu3*, | Schichten der Myophoria orbicularis, oberer Wellenkalk | |
| *mu2*, | Bank mit Spiriferina fragilis und hirsuta im Wellenkalk | Unterer Muschelkalk. |
| *mu1*, | Wellendolomit | |
| *So*, | Plattensandsteine einschließlich Röt | Oberer Buntsandstein. |
| *Sm*, | (eng schraffiert) Oberer Conglomerathorizont und hangende Schichten | |

| *Sm*, | (mit kleinen Kreisen) Horizont des Kugelsandsteines und geröllfreier Hauptbuntsandstein | Mittlerer Buntsandstein. |
|---|---|---|
| *Sm*, | (weit schraffiert) Pseudomorphosensandstein | |

Fußnote:

[XLIII.]Auf Fig. 1 nur mit einem Vergrößerungsglase lesbar.

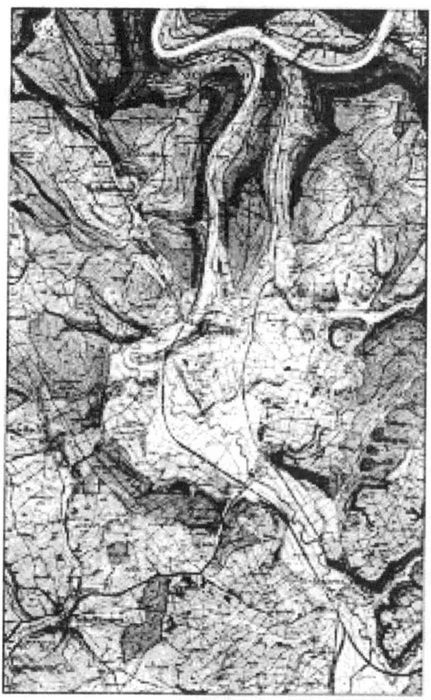

Fig. 1.

Fig. 2.

**TAFEL I.**

---

**Tafel II.**

## Lageplan und photographische Abbildung der Sandgrube.

### Tafel II.

Fig. 3. Lageplan über den Fundort des menschlichen Unterkiefers im Gewann Grafenrain, Grundstück No. 789, Gemarkung Mauer, Amtsbezirk Heidelberg. Maßstab 1:3000.

Fig. 4. Photographische Aufnahme der Nord 26 West gerichteten Wand der Sandgrube im Grafenrain. Der menschliche Unterkiefer wurde an der mit einem × bezeichneten Stelle 24,10 m unter der Oberkante gefunden.

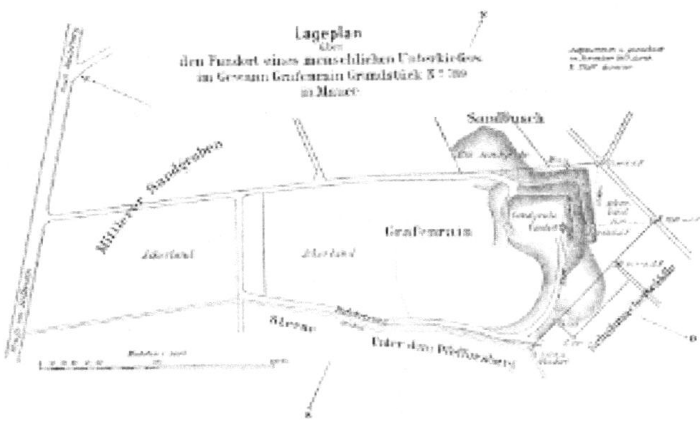


Fig. 3.

Fig. 4.

**TAFEL II.**

## Tafel III.

## Geologisches Profil der Sandgrube.

---

### Tafel III.

Fig. 5. Geologisches Profil der Sandgrube im Grafenrain, Gemarkung Mauer, Amtsbezirk Heidelberg.

Die Fundstelle des menschlichen Unterkiefers in der Schicht 4 24,10 m unter der Oberkante und 0,87 m über der Grubensohle, ist mit einem × bezeichnet.

TAFEL III.

## Tafel IV.

## Elephas antiquus Falc. adult.

### Tafel IV.

Fig. 6. Mesialer Teil der linken Unterkieferhälfte von Elephas antiquus Falc. Während der erste Molar die typisch rautenförmigen Schmelzfiguren der Kaufläche erkennen läßt, steckt der zweite zum Teil noch in der Alveole. (Geologisch-paläontolog. Institut der Univ. Heidelberg.)

Fig. 7. Schädelfragment nebst Unterkiefer von Elephas antiquus Falc., von dem in Fig. 8 die Kaufläche des oberen zweiten Molaren nebst Rest des ersten und in Fig. 9 die Kaufläche des zweiten unteren Molaren nebst Rest des ersten abgebildet ist. Nur der linke Incisivus gelangte bei diesem Individuum zur Ausbildung; der rechte ist sehr früh ausgefallen. (Zoolog. Institut der Univ. Heidelberg.)

Größe von Fig. 7 etwa $1/15$, die übrigen etwa halbe Größe. Genauere Maße sind im Text angegeben.

Fig. 6.

Fig. 7

Fig. 8

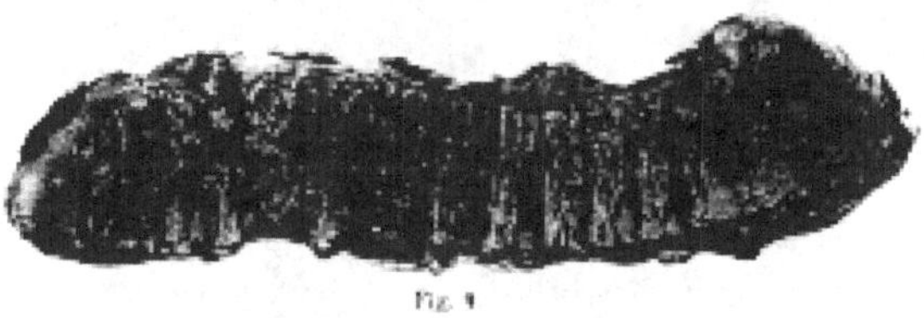

Fig. 9

**TAFEL IV.**

## Tafel V.

## Elephas antiquus Falc. juv.

---

## Tafel V.

Fig. 10. Oberkieferfragment eines sehr jungen Elephas antiquus Falc. mit zwei Milchmolaren (D 1 u. 2) auf jeder Seite. Von D 2 zeigen nur die mesialen Querjoche Schmelzfiguren, während die distalen noch nicht abgenutzt sind. Maßstab ⅔ nat. Gr. (Geologisch-paläontolog. Institut der Univ. Heidelberg.)

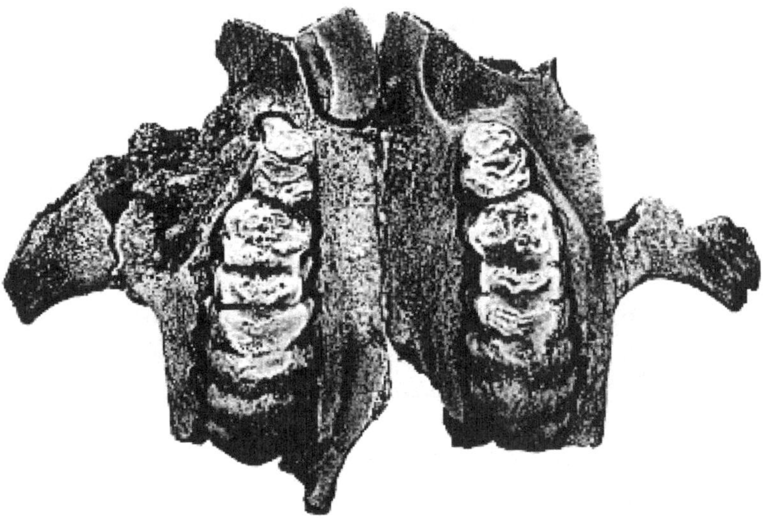

Fig. 10.

**TAFEL V.**

---

## Tafel VI.

**Mandibula des Homo Heidelbergensis in zwei Hälften getrennt, wie sie aufgefunden wurde.**

---

## Tafel VI.

Fig. 11 u. 14. Die linke Hälfte des Unterkiefers des Homo Heidelbergensis in lateraler und medialer Ansicht. Auf den Prämolaren sowie auf M 1 u. 2 liegt, fest mit dem Sande verbunden, ein 60 mm langes und etwa 40 mm breites Kalksteingeröll, dessen Oberfläche in derselben Weise wie der Knochen durch dendritische Eisen-Manganverbindungen gefleckt ist.

Fig. 12 u. 13. Die rechte Hälfte des Unterkiefers in lateraler und medialer Ansicht. An den Zähnen sitzen dicke verfestigte Krusten von typischem, ziemlich grobem „Mauerer-Sande". Die Verkittung ist durch kohlensauren Kalk erfolgt.

Sämtliche Figuren in annähernd natürlicher Größe. Die genauen Maße sind im Text angegeben.

Fig. 11.

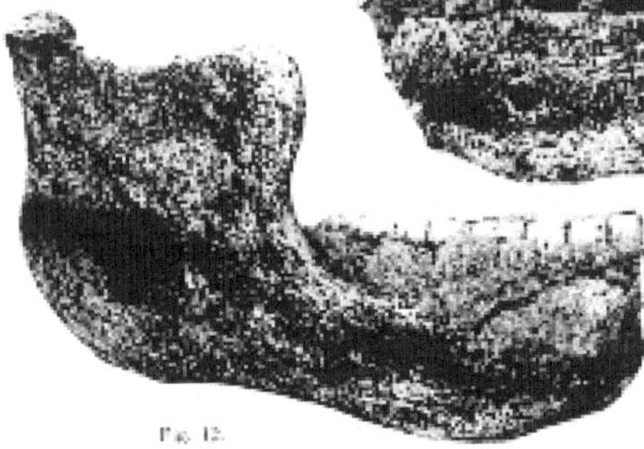

Fig. 12.

Fig. 13.

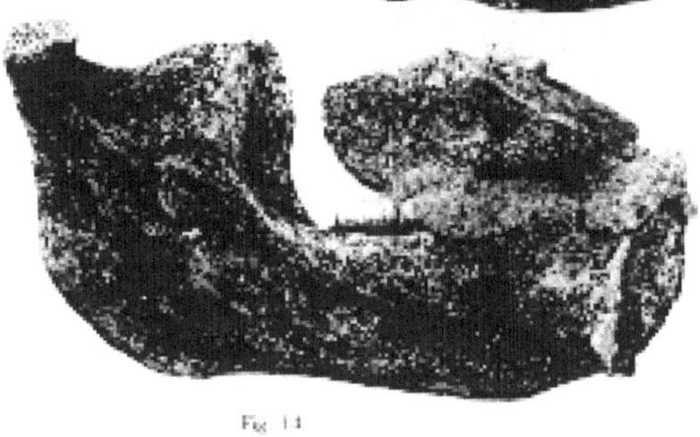

Fig. 14.

## TAFEL VI.

## Tafel VII.

**Mandibula des Homo Heidelbergensis in zwei Hälften getrennt, nach Entfernung des mit dem Kiefer verkittet gewesenen Kalksteingerölles und Sandes.**

---

## Tafel VII.

Fig. 15 u. 16. Die rechte Hälfte des Unterkiefers des Homo Heidelbergensis in lateraler und medialer Ansicht nach Entfernung des mit ihm verkittet gewesenen Sandes.

Fig. 17 u. 18. Die linke Hälfte des Unterkiefers in medialer und lateraler Ansicht nach Entfernung des mit ihm verkittet gewesenen Kalkgerölles und Sandes. Die dabei abgelösten Zahnkronen der beiden Prämolaren und von M 1 u. 2 sind auf Taf. VIII, Fig. 28–31 abgebildet.

Sämtliche Figuren in annähernd natürlicher Größe. Die genauen Maße sind im Text angegeben.

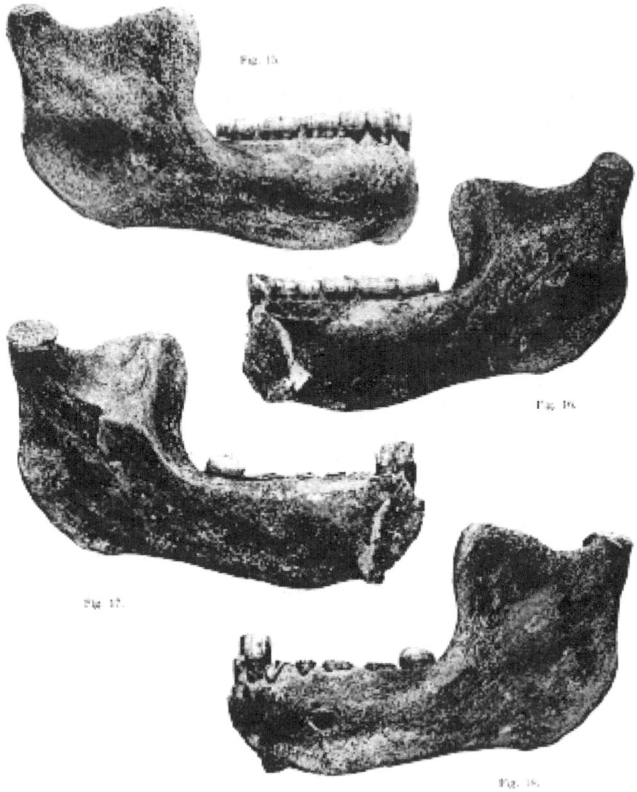


**TAFEL VII.**

## Tafel VIII.

### Mandibula des Homo Heidelbergensis in seitlicher Ansicht.

### Querschnitt besagter Mandibula und derjenigen eines recenten Europäers in der Medianebene.

### Zahnbogen des Fossils von oben gesehen und einzelne Zähne.

---

## Tafel VIII.

Fig. 19. Der in der Symphyse zusammengesetzte Unterkiefer des Homo Heidelbergensis in lateraler Ansicht.

Das Original ist im Besitz des Geologisch-paläontologischen Institutes der Universität Heidelberg.

Fig. 20. Querschnitt des Unterkiefers in der Medianlinie. Die mediane Verbindung der beiden Hälften war aufgehoben.

Fig. 21. Querschnitt des Unterkiefers eines recenten Europäers in der Medianlinie.

Fig. 22. Rechte Zahnreihe des Homo Heidelbergensis von oben gesehen: J 1 ist herausgenommen, J 2 an der Wurzel abgebrochen (vgl. Fig. 25 u. 24). In situ befinden sich: C, P 1 u. 2, M 1–3.

Fig. 23. Linke Zahnreihe von oben gesehen: J 1 ist an der Wurzel abgebrochen, von J 2 ist die vordere Hälfte der Krone abgebrochen (vgl. Fig. 26 u. 27). C ist in situ. Von P 1 u. 2, sowie von M 1 u. 2 sind die Kronen abgebrochen (vgl. Fig. 28–31). M 3 ist in situ.

Fig. 24 a u. b = J 2 dext. an der Wurzel abgebrochen, Vorder- und Seitenansicht.

Fig. 25 a u. b = J 1 dext., Vorder- und Seitenansicht.

Fig. 26 a u. b = J 1 sin. an der Wurzel abgebrochen, Vorder- und Seitenansicht.

Fig. 27 = J 2 sin. vordere Hälfte der Krone.

Fig. 28 a u. b = P 1 sin. die Krone von oben und von unten gesehen.

Fig. 29 a u. b = P 2 sin. die Krone von oben und von unten gesehen.

Fig. 30 a u. b = M 1 sin. die Krone von oben und von unten gesehen.

Fig. 31 a u. b = M 2 sin. die Krone von oben und von unten gesehen.

Alles in annähernd natürlicher Größe. Die genauen Maße sind im Text (Anhang I) angegeben.

Die Gestalt des Zahnbogens ist aus Fig. 41 u. 42, Taf. X ersichtlich.

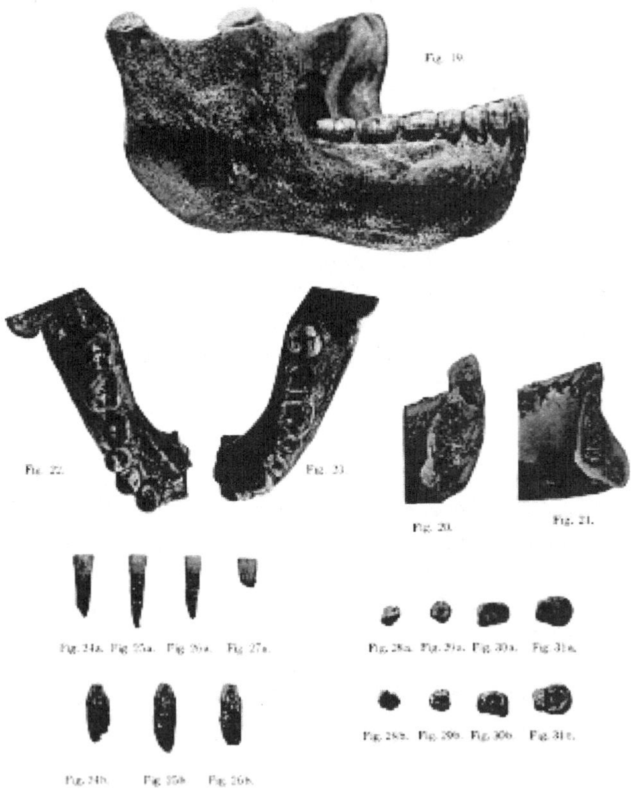

**TAFEL VIII.**

## Tafel IX.

## Röntgenbilder.

---

### Tafel IX.

Fig. 32. Röntgenbild der rechten Hälfte des Unterkiefers des Homo Heidelbergensis.

Fig. 33. Die drei Molaren derselben Hälfte in anderer Aufnahme, welche die Wurzelspitzen namentlich des dritten Molaren besser erkennen läßt.

Fig. 34 a u. b J 2 derselben Hälfte in Vorder- und Seitenansicht.

Fig. 35. J 1 derselben Hälfte in Vorder- und Seitenansicht.

Fig. 36. Röntgenbild der linken Hälfte des Unterkiefers des Homo Heidelbergensis.

Fig. 37. Die drei Molaren derselben Hälfte in anderer Aufnahme.

Fig. 38 a u. b J 1 derselben Hälfte in Vorder- und Seitenansicht.

Fig. 39 u. 40. Röntgenbild der rechten und linken Hälfte des Unterkiefers eines recenten Europäers, der annähernd dasselbe Lebensalter erreicht hat, wie der Homo Heidelbergensis.

Diese Bilder wurden mit dem Röntgenapparate des zahnärztlichen Institutes der Universität Heidelberg unter gütiger Mitwirkung des Herrn Professor PORT hergestellt.

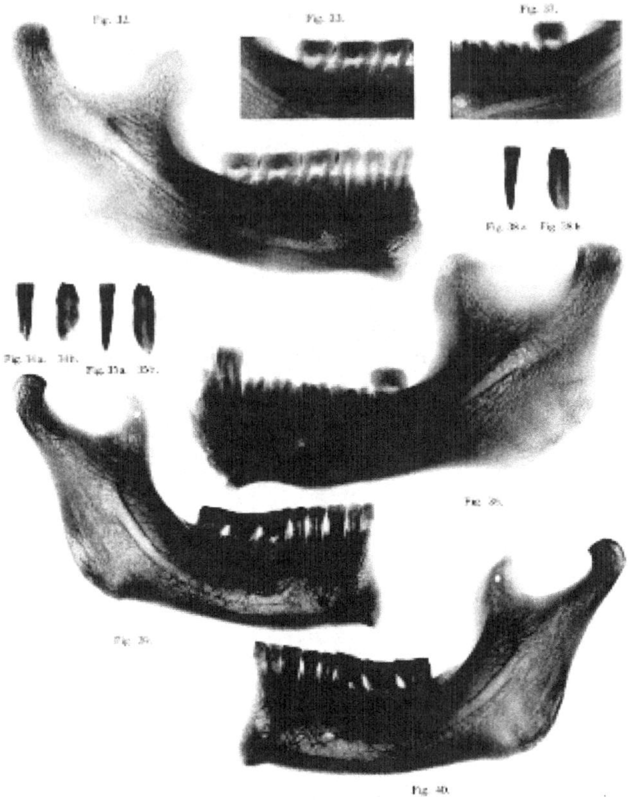

# TAFEL IX.

## Tafel X.

## Die Mandibula des Homo Heidelbergensis von oben und unten gesehen zur Veranschaulichung des Zahnbogens.

---

## Tafel X.

Fig. 41 u. 42. Der Unterkiefer des Homo Heidelbergensis von oben und unten gesehen zur Veranschaulichung des Zahnbogens. Beide Figuren in ungefährer natürlicher Größe. Den im Text enthaltenen genauen Maßen seien noch folgende hinzugefügt:

1. Entfernung der Berührungsstelle der mittleren Incisivi

   a) von der distalen Seite des dritten Molaren rechts 65 mm, links 64 mm,

   b) von dem distalen Ende des Condylus rechts 130,4 mm, links 127 mm.

2. Entfernung der Außenränder des zweiten Molaren 66,5 mm.

3. Entfernung der beiden Condyli voneinander innen gemessen 86 mm, außen gemessen 131,6 mm.

Man vergleiche auch die Horizontalkurven in Fig. 47, Taf. XIII.

Fig. 41.

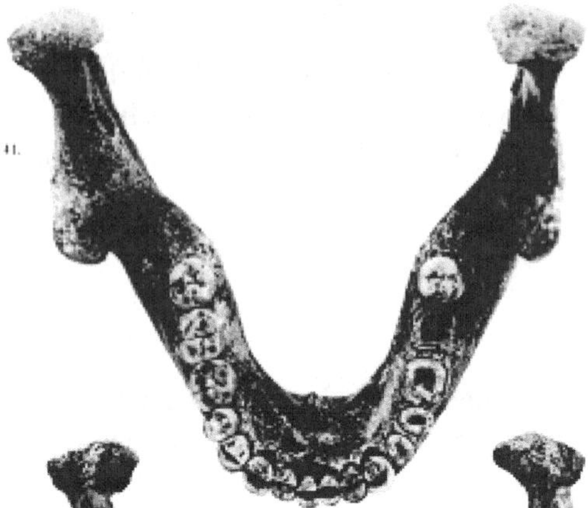

Fig. 42

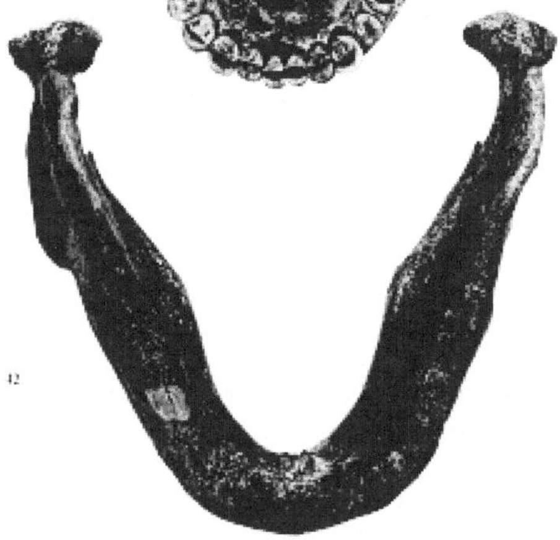

**TAFEL X.**

## Tafel XI.

**Diagraphische Profilkurven der Unterkiefer des Homo Heidelbergensis, eines recenten Europäers und eines afrikanischen Negers.**

---

## Tafel XI.

Fig. 43. Homo Heidelbergensis. Profilprojektion der Mandibula: *aa* = Horizontalstellung der Alveolarebene. *BB* = Basaltangente. *RR* = Ramustangente. *CC* = Condylocoronoidtangente. $\iota$ = Inzision. $\iota\mu$ = Inzisionvertikale. $\mu$ = Schnittpunkt derselben mit der Basaltangente. *pp* = Postmolarvertikale. *vv* = Coronoidvertikale. *f* = Lage des Foramen mentale. *cm* = Lage des Foramen mandibulare. *sl* = Lage der Fossa sublingualis.

Fig. 44. —— Homo Heidelbergensis. ········ Recenter Europäer (B.A.C. 390). - - - Afrikan. Neger (B. N. C. 20).

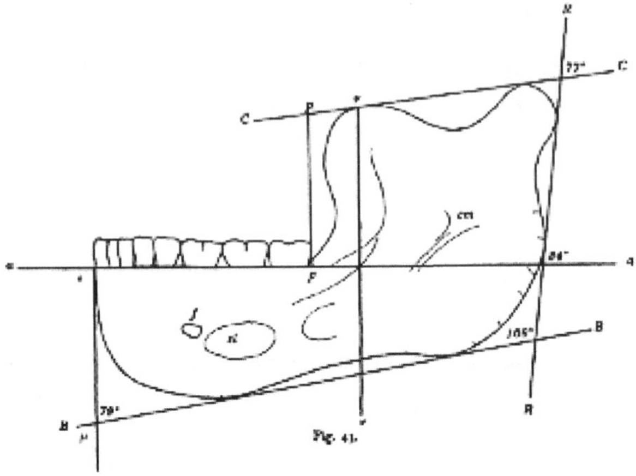

Fig. 41.

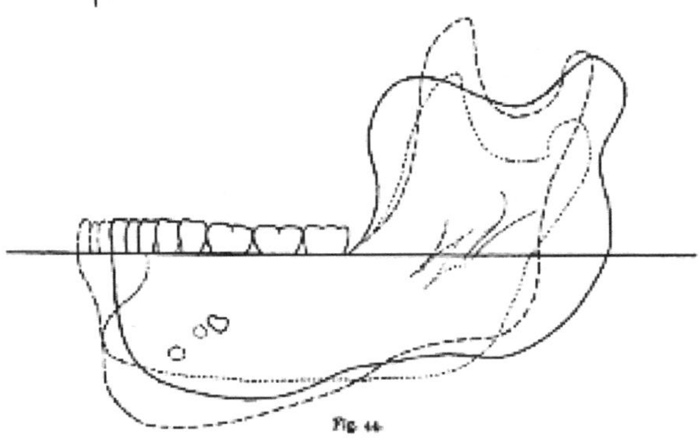

Fig. 44.

# TAFEL XI.

## Tafel XII.

## Diagraphische Profilkurven der Unterkiefer des Homo Heidelbergensis, eines Australiers, eines Dajak und von Anthropoiden.

---

### Tafel XII.

Fig. 45. —— Homo Heidelbergensis. - - - Australier-Melville Island (K. 80). ·········· Dajak (B. N. C. 104).

Fig. 46. —— Homo Heidelbergensis. ·········· Hylobates syndactylus. Hylobates lar. - - - Gorilla ♀ (B.). _._._. Orang ♂ (B.).

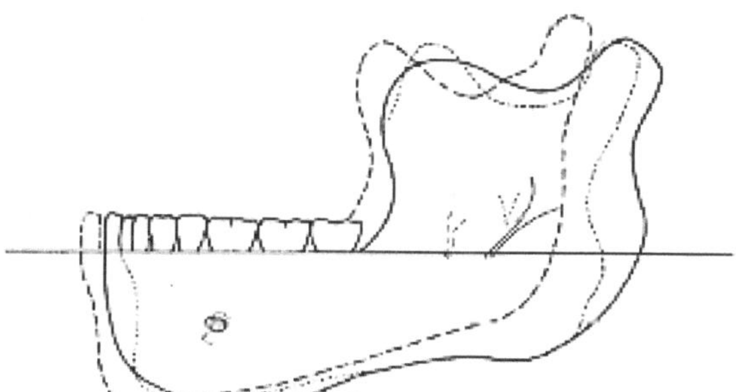

Fig. 45.

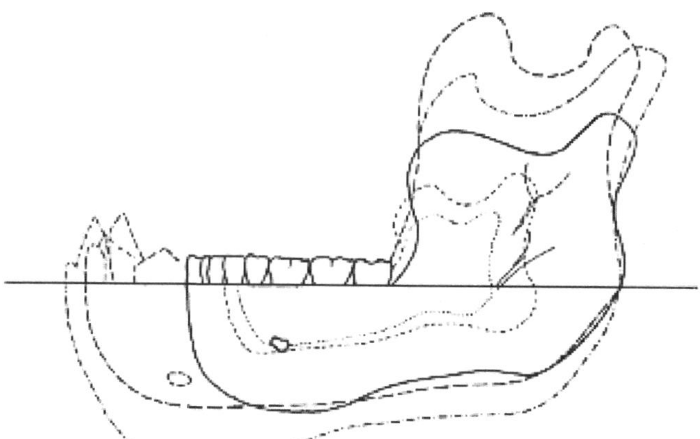

Fig. 46.

### TAFEL XII.

## Tafel XIII.

### Diagraphische Horizontalkurven des Unterkiefers vom Homo Heidelbergensis und vergleichende Mediankurven der Symphyse.

---

## Tafel XIII.

Fig. 47. Homo Heidelbergensis. Horizontal-Kurven.

| | |
|---|---|
| *I* ········· durch den Alveolarrand: | *a* = Grenze zwischen Caninus und Prämolaren. |
| | *b* = Grenze zwischen Prämolaren und Molaren. |

*II* —— durch die Foramina mentalia, die mit *f* bezeichnet sind.

*III* - - - dicht über dem Basalrand; bei *x* defekte Stelle.

Fig. 48. Vergleichende Projektion der Mediankurven-Diagramme der Symphyse (— Homo Heidelbergensis). Gemeinsame Einstellung auf Inzision und Alveolarhorizont.

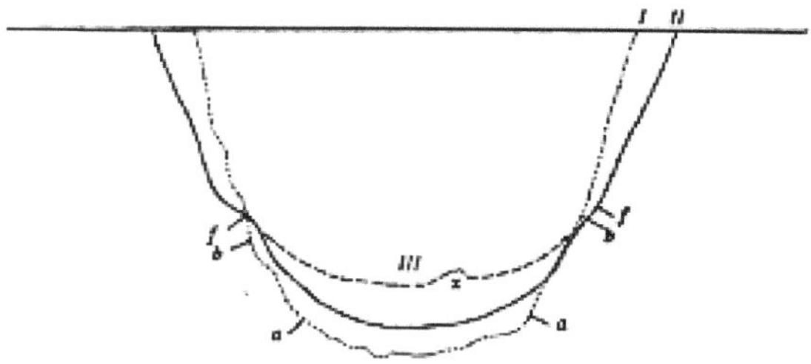


Fig. 47.

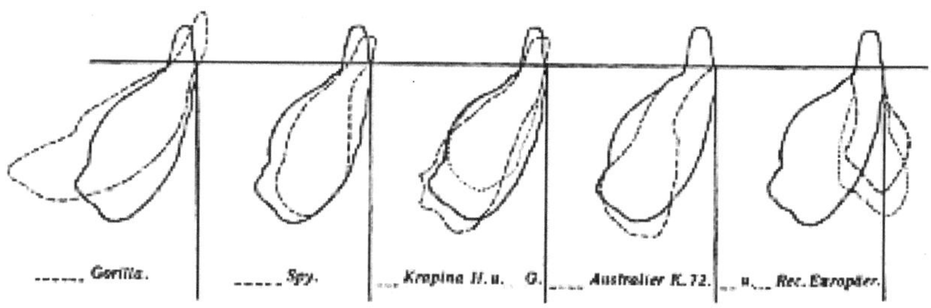


Fig. 48.

# TAFEL XIII.